绿色化学

陆　胤,塔兹娅娜·萨维斯卡娅(Tatsiana Savitskaya),

伊琳娜·基姆伦卡(Iryna Kimlenka),俞　杰　等编著

ZHEJIANG UNIVERSITY PRESS
浙江大学出版社

图书在版编目（CIP）数据

绿色化学 / 陆胤等编著. — 杭州：浙江大学出版
社，2021.10(2023.4重印)
　ISBN 978-7-308-20870-3

　Ⅰ.①绿… Ⅱ.①陆… Ⅲ.①化学工业—无污染技术
Ⅳ.①X78

中国版本图书馆CIP数据核字(2020)第241144号

绿色化学

陆　　胤,塔兹娅娜·萨维斯卡娅(Tatsiana Savitskaya)，
伊琳娜·基姆伦卡(Iryna Kimlenka),俞　杰　等编著

责任编辑	潘晶晶
责任校对	金佩雯
封面设计	沈玉莲
出版发行	浙江大学出版社
	（杭州市天目山路148号　邮政编码310007）
	（网址：http://www.zjupress.com）
排　　版	杭州晨特广告有限公司
印　　刷	浙江新华数码印务有限公司
开　　本	710mm×1000mm　1/16
印　　张	9.25
字　　数	171千
版 印 次	2021年10月第1版　2023年4月第3次印刷
书　　号	ISBN 978-7-308-20870-3
定　　价	39.80元

作者名单

陆 胤	浙江树人大学
塔兹娅娜·萨维斯卡娅（Tatsiana Savitskaya）	白俄罗斯国立大学
伊琳娜·基姆伦卡（Iryna Kimlenka）	白俄罗斯国立大学
俞 杰	浙江树人大学
达兹米特瑞·格林斯潘（Dzmitry Hrynshpan）	白俄罗斯国立大学
瓦伦汀·萨基索夫（Valentin Sarkisov）	白俄罗斯国立大学
王石磊	浙江树人大学
孙娜波	浙江树人大学
柯 薇	浙江树人大学
王 莉	浙江树人大学

前　言

绿色化学与技术是20世纪90年代出现的具有重大社会需求和明确科学目标的新兴交叉学科,是当今国际化学化工科学研究的前沿和发展的重要领域。传统化学向绿色化学的发展已成为化学工业从"粗放型"向"集约型"转变的必然趋势,其所采取的标本兼治的环境保护理念也是我国环境保护的必由之路。

在"一带一路"倡议引领下,为积极响应国家"十三五"规划"绿色是永续发展的必要条件"的号召,浙江树人大学和白俄罗斯国立大学签署教育与科研合作备忘录,筹建"白俄罗斯研究中心",并获批教育部国别和区域研究中心。双方共同探讨如何在大力应用绿色化学技术促进两国经济发展的同时,保护生态环境、实现生态国家的建设。为宣传绿色化学和可持续发展理念,倡导"以GEP论英雄",让环境教育积极渗透至化学教育中,中白双方学者合作编著了《绿色化学》。

本书以绿色化学原理为主线,在综述国内外绿色化学研究进展的基础上,系统地介绍了具有先进性、实用性和前瞻性的绿色化学技术及其在现代化学工业中的可持续发展,全面地论述了实践绿色化学的来源、原理、可持续发展观和构建生态化学方法学的若干重大关联问题,并进一步介绍了现今白俄罗斯和中国在绿色化学领域的发展,充分体现了绿色化学的内涵和外延,展示了绿色化学化工的辉煌前景。全书共十章。第一至三章为绿色化学的背景溯源,主要介绍了绿色文明、可持续发展观和化学品的绿色管理。第四至七章主要介绍绿色化学相关概念、方法和技术,包括绿色化学合成的概念、绿色活化方法、催化中的绿色化学和绿色溶剂。第八章为绿色设计的方法学,包括绿色工程的十二大原则、安全工艺设计等。第九章介绍可再生原材料与能源,阐述以生物质作为绿色化学合成原料的优势并介绍了相关商业产品。第十章以白俄罗斯和中国的绿色化学发展现状为例,提倡将绿色化学的真理性与人文需要的合理性融为一体的教育模式。

本书内容较全面,图文并茂,针对性强,适宜从事化学、化工、环境等领域研究的教师、学生和科研工作者参阅和应用。我们力争向读者展示一个不断发展的、完整的绿色化学化工体系,让更多学者、大众对绿色化学化工有一个相对清晰的认识,进而促进绿色化学的健康发展。

作者

2020年8月

目 录

CONTENTS

第一章

绿色文明是可持续发展的结果

第一节　可持续发展与绿色经济

绿色象征着生命、希望,也象征着幸福和繁荣。绿色文明是可持续发展的结果。"可持续发展"这一专业术语已根植于经济、社会、生态等领域。可持续发展的概念被语言学家定义为持续稳定的增长,意味着发展与人类的持续存在是不相违背的,且朝着同一方向更进一步。

经济学家丹尼尔·贝尔提出了一个新的术语来描述当前的社会发展阶段——"后工业社会"(或知识社会)。后工业社会的可持续发展以知识经济为基础。这个相对较新的术语意味着经济不仅包括技术,而且包括知识生产的整个过程。知识三角,即研究、教育与创新之间的相互作用,是知识经济的一个关键驱动力。科学知识和技术原理的运用不仅不会导致经济衰弱,反而会促进一个国家的智力潜能的积累。与天然气和石油不同,知识可被视为可再生资源。白俄罗斯也视知识经济为未来几年经济发展的首要任务。白俄罗斯总统亚历山大·卢卡申科指出,经济发展只有一种方式,即加速向创新型、知识型、资源节约型、全球竞争型的经济转型。

在实现可持续发展的道路上,经济增长与环境保护是相辅相成的。"绿色经济"一词因时而生。习近平总书记指出:"绿水青山就是金山银山。"走向生态文明新时代、建设美丽中国,是实现中华民族伟大复兴中国梦的重要内容。

2008年,联合国环境规划署(以下简称环境署)发起绿色经济倡议,并得到了20多个国家的支持。它将绿色经济定义为低碳、资源节约型和社会包容型的经济。这种经济体制有利于提高社会福利,确保社会平稳有序,同时降低环境风险并减少环境退化。2011年底,时任联合国教科文组织总干事的伊琳娜·博科娃在回首2011年和憧憬2012年时强调,不仅要建立绿色经济,而且要建立绿色社会。尽管发起时间不久,但毫无疑问,绿色经济倡议已经影响到了人类生活的各个领域,我们的世界正在走向新的绿色文明。2012年6月20—22日在巴西里约热内卢召开的联合国可持续发展大会("里约＋20"峰会)上,成员强调了技术创新的紧迫性,并制定了一些绿色技术的特定标准。2015年9月25日,参加联合国可持续发展大会的193个国家通过了题为"改变我们的世界——2030年可持续发展议程"的成果文件,该文件重新燃起了各国向低碳经济、高效率自然资源、包容性绿色经济增长和整体可持续发展大胆过渡的希望。为了从承诺走向行动,各国必须采取一种协调环境完整性、社会包容性和经济繁荣的综合方法。例如,白俄罗斯于2012年发布的《国家信息通信》明确了白俄罗斯向绿色经济过渡的主要趋势和原则,并以此作为确保可持续发展和环境安全的重要工具。根据中国2015年国家报告《中国绿色经济之路》,中国当前阶段无论从概念还是实施均可以被视为绿色经济的飞跃阶段。

近年来,绿色发展趋向实践,不再只是停留在"纸上谈兵"。例如,绿色建筑作为一种特殊的建筑方案评估体系,在许多国家已经有相应的国家标准。该评估体系的开发主要针对投资者、建筑施工人员,希望对所作决定的权宜性、运营过程中建筑物的便利性及其对环境的影响进行全面评估。例如,如果在水资源短缺的地区进行施工,那么任何能够节约用水的解决方案都将得到更高的优先权。2010年5月19日欧盟通过了关于建筑物能源性能的指令2010/30/EU。根据该指令,各成员国必须确保在2020年12月31日前所有新建筑物都要达到接近零能耗的标准。材料的循环利用也是绿色建筑的关注重点。索契冬奥会的会场设施就是一个绿色建筑的实践案例。欧盟民意调查显示,在消费方面,供应商对绿色商品的积极宣传使得约95％的欧洲受访者准备购买绿色商品,其中75％的受访者知道这种类型的商品,而63％的受访者试图在商店货架上找到它们。

绿色消费水平也与人们受教育程度有关。与此同时,世界各地的现代教育正逐步走向绿色化。就本质而言,绿色经济教育的内容、途径和方法与可持续发展教育的内容、途径和方法是一致的。有时,绿色经济教育被狭义地解释为一种侧重于改变就业结构的教育类型。从广义上讲,它还旨在培养相关需求领域的专家,包括从事环境技术、商品和服务等职业的专家,以及特定领域(如生物燃料方面)的专家。事实上,可持续发展教育通常期望对有能力通过创新技术解决艰难任务的创造性个人进行有效的培训。同时，人们必须认识到它的跨学科性和对社会的责任。最先从这个角度意识到这一点的是化学家们，他们曾被视作环境污染问题的罪魁祸首，面对着大众舆论的强烈抗议。他们为改变负面形象而采取的行动使得化学成为第一个被授予绿色地位的自然科学。

绿色大学和绿色校园理念体现了绿色高等教育系统的多样性，并已在数个国家实施。联合国环境署在《绿色大学工具包》出版物中定义了绿色大学的目标：绿色大学必须致力于环境保护，即减少碳排放、垃圾分类、节水节电、建设生态基础设施和推广相关科普活动。绿色大学鼓励学生参与生态项目和活动，开展环保研究和项目工作。2009年，美国在线杂志 Grist 刊登了"绿色大学排行榜"，美国、英国、加拿大和哥斯达黎加等不少的教育机构上榜。其中，哈佛大学、伦敦政治经济学院和哥本哈根大学等高校多年来一直致力于绿色原则在其社会经济和可持续发展中的应用。以科学家米哈伊尔·瓦西里耶维奇·罗蒙诺索夫的名字命名的莫斯科罗蒙诺索夫国立大学生物经济与生态创新中心（The Genter for Bioeconomy and Eco-innovations，CBE），与利乐和世界野生动物基金会一起，在俄罗斯启动了"绿色大学促进绿色经济"项目。该项目的主要目标是为各领域培养出具有绿色经济理念的新一代专业人士。

还有一个名为"UI绿色公制世界大学"的绿色大学排名，旨在引起学术界对生态问题的关注。2013年，来自61个国家的301所大学参与了这个排名活动。与学术排名一样，英国和美国的大学处于领先地位，其中排名前十位的大学包括英国诺丁汉大学、爱尔兰科克大学、美国东北大学、英国贝德福德大学、美国康涅狄格大学等。不同于全球学术大学排名的是，绿色大学排名是基于一些特定的指标进行评价的，如生态指标、环保理念、节能电器的使用、废物回收等。大学实验室绿色评估也是重要的评价标准之一。美国和欧洲大学的研究人员指出，大学90％的排放物来源于大学实验室，且其中约88％的排放物是各种类型的有毒物质。

目前，公众普遍认为，化学与绿色科学的概念并不相关。2010年，由莫斯科罗蒙诺索夫国立大学提交的一项调查数据显示，生物学是被公众普遍认可的主要绿色科学。在化工经济领域，商品获得的利益与制造过程对环境和人类健康造成的损害成正相关。现在，全球许多主要工业区受到严重化学污染的影响。大量资金被用于建立废水处理厂和处理有害物质。这种在生产过程结束时解决生态问题的方法被称为末端治理法。

预防性控制与末端治理法并行使用,并在过去的20年中日益突出。它侧重于预防,而不是在环境退化后才进行治理。在实践中,预防性控制包括优化生产工艺、实施节能技术、选择更环保的原材料、设计新颖产品、回收内部和外部的废物、减少有毒和有害物质的使用。

第二节　清洁生产策略

联合国环境署于1989年提出的清洁生产(Cleaner Production,CP)战略,奠定了清洁生产的革命性地位。它使化学家们以更环保的方式生产所需的物质,在制造的任何阶段都对环境无害,并且对那些参与到生产过程中的人来说也更安全。事实上,清洁生产是一种系统的环境保护方法,贯穿生产及处置的各个阶段,即"从摇篮到坟墓"整个生命周期,旨在预防或减少威胁人类健康和环境的短期和长期风险。除了"从摇篮到坟墓","从摇篮到摇篮"这一全新概念最近被广泛引用,意为以创新的方式去创造产品。《从摇篮到摇篮:循环经济设计之探索》一书的合著者威廉·麦克唐纳说过:"从摇篮到摇篮是一种充满希望的策略;它关于共享资源和我们共同拥有的地球,使我们重新思考我们在地球和环境中所承担的角色"。

对于工业社会所带来的污染,人类最开始采取的措施是"稀释排放",到20世纪中期,采取的措施变为"末端治理"。20世纪50年代至70年代,"末端治理"也显现出其被动治理的局限性,既不能预防污染,也不能从根本上解决污染问题。

1976年,"无废工艺和无废生产国际研讨会"在法国巴黎召开,清洁生产正式被提上人类议事日程。1992年,在巴西里约热内卢召开的世界环境与发展大会上,清洁生产作为可持续发展战略的重要手段被列入《21世纪议程》。此后,许多国家和国际组织开始积极倡导清洁生产,即强调在产品的生产过程中减少污染物的产生,只把末端治理作为一种辅助手段。

多年来,国际上对"清洁生产"无统一定义,世界各国同时使用一些同义词,例如污染预防、少废无废技术、无废工艺、清洁技术、废物最小化、源削减、源控制等。清洁生产主要包括以下四个方面。

（1）清洁能源。即合理利用常规能源、利用可再生能源、开发新能源（无污染、少污染）和节能技术等。

（2）清洁生产过程。不用或少用有毒有害原料和中间产物（用无污染、少污染的原材料替代毒性强、污染严重的原材料）并回收利用原料和中间产物；不产生有毒有害的副产物和中间产物；采用高效率设备（消耗少、效率高、无污染和少污染），改进操作步骤，使生产过程排放的废物和污染物最少，物料利用率最高；加强工厂管理；等等。

（3）清洁产品。产品本身无毒无害；产品在制造过程、使用过程以及使用后均不危害人体健康和生态环境；产品寿命提高，使用后易于回收、再生和重复使用等。

（4）低费高效处理。对于少量必须处理的污染物，采用低费用、高效率的处理设备进行最终的处理与处置。

一、清洁生产的内涵

清洁生产从本质上来说，就是对生产过程与产品采取整体预防的环境策略，减少或者消除它们对人类及环境可能造成的危害，同时充分满足人类需要，使社会经济效益最大化的一种生产模式。具体措施包括：不断改进设计；使用清洁的能源和原料；采用先进的工艺技术与设备；改善管理；综合利用；从源头削减污染，提高资源利用效率；减少或者避免生产、服务和产品使用过程中污染物的产生和排放。清洁生产是实施可持续发展的重要手段。清洁生产的观念主要强调三个重点。①清洁能源，包括开发节能技术，尽可能开发利用再生能源以及合理利用常规能源。②清洁生产过程，包括尽可能不用或少用有毒有害原料和中间产物。对原材料和中间产物进行回收，改善管理、提高效率。③清洁产品，包括以不危害人体健康和生态环境为主导因素来考虑产品的制造过程甚至使用之后的回收利用，减少原材料和能源使用。根据经济可持续发展对资源和环境的要求，清洁生产谋求达到以下两个目标。

（1）通过资源的综合利用，短缺资源的代用，二次能源的利用，以及节能、降耗、节水，合理利用自然资源，减缓资源的耗竭，达到自然资源和能源利用的最合理化。

（2）减少废物和污染物的排放，促进工业产品的生产、消耗过程与环境相融，降低工业活动对人类和环境的风险，达到对人类和环境的危害最小化以及经济效益的最大化。

清洁生产是生产者、消费者、社会三方面谋求利益最大化的集中体现：①它是从资源节约和环境保护两个方面，对工业产品生产从设计开始到产品使用后直至最终处置，给予了全过程的考虑和要求；②它不仅要求生产者考虑生产对环境的影响，而且要求生产者考虑服务对环境的影响；③它对工业废物实行费用有效的源削减，一改传统的不顾费用有效或单一末端控制办法；④它可提高企业的生产效率和经济效益，成为受到企业欢迎的新事物；⑤它着眼于全球环境的彻底保护，为人类社会共建一个洁净的地球带来了希望。

二、清洁生产的历史必然性

清洁生产的出现是人类工业生产迅速发展的历史必然。清洁生产是迅速发展的一项新生事物，是人类对逐渐认识工业化大生产所造成的有损于自然生态与人类自身的污染这一负面作用逐渐认识并做出的反应和行动。发达国家在20世纪60年代和70年代初，为求经济快速发展而忽视对工业污染的防治，致使环境污染问题日益严重，公害事件不断发生。如日本的水俣病事件，对人体健康造成极大危害，生态环境受到严重破坏，社会反应非常强烈。各国政府对环境问题逐渐重视，并采取了相应的环保措施和对策。例如增大环保投资、建设污染控制和处理设施、制定污染物排放标准、实行环境立法等，以控制和改善环境污染问题，取得了一定的成绩。但是人们经过十多年的实践发现，这种仅着眼于控制排污口，使排放的污染物通过治理达标排放的办法（即末端治理法），虽在一定时期内或在局部地区起到一定的作用，但并未从根本上解决工业污染问题。其原因在于：第一，随着生产的发展、产品品种的不断增加，以及人们环境意识的提高，对工业生产所排污染物的种类检测越来越多，规定控制的污染物（特别是有毒有害污染物）的排放标准也越来越严格，从而对污染治理与控制的要求也越来越高，为达到排放的要求，企业要花费大量的资金，但即使治理费用大大提高了，一些要求仍难以达到。第二，由于污染治理技术有限，所以污染治理实质上很难达到彻底消除污染的目的。因为末端治理法一般是先通过必要的预处理，再进行生化处理后排放。而有些污染物是不能进行生物降解，只是稀释排放的污染物，针对这种污染物，末端治理法不仅污染环境，而且治理不当还会造成二次污染。有的治理只是将污染物转移，使废气变废水，废水变废渣，废渣堆放填埋，污染土壤和地下水，形成恶性循环，破坏生态环境。第三，只着眼于末端治理法，将形成大量浪费,使一些可以回收的资源(包含未反应的原料)因得不到有效的回收利用而流失,致使企业原材料消耗增高,产品成本增加,经济效益下降,从而影响企业治理污染的积极性和主动性。第四,实践证明,预防优于治理。根据日本环境厅1991年的报告《公用水域水质结果》,从经济上计算,在污染前采取防预对策比在污染后采取治理措施更为经济。例如在日本,硫氧化物造成的大气污染,排放后不采取对策所造成的损失是预防这种危害所需费用的10倍。而以水俣病(由于机体长期摄入有机汞导致的一种慢性汞中毒)为例,在污染前与污染后采取对策的经济差距据推算则为100倍。据美国环境保护署(Environment Protection Agency,EPA)统计,美国用于空气、水和土壤等环境介质污染控制的总费用(包括投资和运行费),1972年为260亿美元(占国民生产总值的1%),1987年猛增至850亿美元,20世纪80年代末达到1200亿美元(占国民生产总值的2.8%)。如美国杜邦公司每磅废物的处理费用以每年20%~30%的速率增加,焚烧一桶危险废物可能要花费300~1500美元。但即使经济代价如此之高,仍未能达到预期的污染控制目标,末端治理在经济上已不堪重负。因此,发达国家通过治理污染的实践,逐步认识到防治工业污染不能只依靠治理排污口(末端)的污染,而是要从根本上解决工业污染问题,必须以预防为主,将污染物消除在生产过程之中,实行工业生产全过程控制。20世纪70年代末以来,不少发达国家的政府和各大企业集团(公司)纷纷研究开发和采用清洁工艺,开辟污染预防的新途径,把推行清洁生产作为经济和环境协调发展的一项战略措施。

三、清洁生产的产生及发展

清洁生产起源于1960的美国化学行业的污染预防审计。而"清洁生产"概念的出现,最早可追溯到1976年。1976年,欧洲共同体在法国巴黎举行的"无废工艺和无废生产国际研讨会"上提出了"消除造成污染的根源"的思想;1979年4月欧洲共同体理事会宣布推行清洁生产政策;1984年、1985年、1987年,欧洲共同体环境事务委员会三次拨款支持建立清洁生产示范工程。

自1989年联合国开始在全球范围内推行清洁生产以来,全球先后有8个国家建立了清洁生产中心,推动着各国清洁生产不断向深度和广度拓展。1989年5月,联合国环境署工业与环境方案活动中心(United Nations Environment Programme Industry and Environment Programme Activity Centre,UNEP IE/

PAC)根据UNEP理事会会议的决议,制定了《清洁生产计划》,在全球范围内推进清洁生产。该计划的主要内容之一为组建两类工作组:一类为制革、造纸、纺织、金属表面加工等行业清洁生产工作组;另一类则为清洁生产政策及战略、数据网络、教育等业务工作组。该计划还强调要面向政界、工业界、学术界人士,提高他们的清洁生产意识,教育公众,推进清洁生产的行动。1992年6月,在巴西里约热内卢召开的"联合国环境与发展大会"通过了《21世纪议程》,号召工业提高能效,开展清洁技术开发,更新替代对环境有害的产品和原料,推动实现工业可持续发展。中国政府亦积极响应,于1994年提出了"中国21世纪议程",将清洁生产列为"重点项目"之一。自1990年以来,联合国环境署已先后在英国坎特伯雷、法国巴黎、波兰华沙、英国牛津、韩国汉城(今首尔)、加拿大蒙特利尔举办了6次国际清洁生产高级研讨会。1998年10月韩国汉城(今首尔)举办的第五次国际清洁生产高级研讨会出台了《国际清洁生产宣言》,包括13个国家的部长及其他高级代表和9个公司领导人在内的64位签署者共同签署了该宣言,参加这次会议的还有国际机构、商会、学术机构和专业协会等组织的代表。《国际清洁生产宣言》的主要目的是提高公共部门和私有部门中关键决策者对清洁生产战略的理解以及该战略为其提供的公众形象,它也将激励社会对清洁生产咨询服务的更广泛的需求。《国际清洁生产宣言》是环境管理战略对清洁生产公开的承诺。

20世纪90年代初,经济合作和开发组织(以下简称经合组织)在许多国家采取不同措施以鼓励工厂采用清洁生产技术。例如:在德国,将70%投资用于清洁工艺的工厂可以申请减税;在英国,税收优惠政策是导致风力发电增长的原因。自1995年以来,经合组织国家的政府开始把他们的环境战略转向产品而不是工艺,以此为出发点,引进生命周期分析,以确定在产品寿命周期(包括制造、运输、使用和处置)中的哪一个阶段有可能削减或替代原材料投入,并且可以最有效、最低费用地消除污染物和废物。这一战略刺激和引导生产商和制造商以及政府政策制定者去寻找更富有想象力的方法来实现清洁生产。美国、澳大利亚、荷兰、丹麦等发达国家在清洁生产立法、组织机构建设、科学研究、信息交换、示范项目和推广等领域已取得明显成效。特别是进入21世纪后,发达国家清洁生产政策有两个重要的倾向:①着眼点从清洁生产技术逐渐转向清洁产品的整个生命周期;②从大型企业在获得财政支持和其他种类对工业的支持方面拥有优先权转变为更重视扶持中小型企业进行清洁生产,包括提供财政补贴、项目支持、技术服务和信息等措施。

1992年,中国有关部门与联合国环境署工业与环境方案中心联合组织了在中国召开的第一次国际清洁生产研讨会。会上,中方首次推出了《清洁生产行动计划(草案)》。1993年,中国国家经济贸易委员会和国家环境保护局联合召开了第二次全国工业污染防治工作会议,会议明确提出了工业污染防治必须从单纯的末端治理向生产全过程管控转变,实行清洁生产。随后,有关行业、地方先后进行了清洁生产试点,同世界银行、联合国环境署、联合国工业发展组织等多边组织及美国联邦和州环境保护局等开展了清洁生产合作项目。中国政府制定的《中国21世纪议程》中,已将推行清洁生产作为一项重要内容,作为实施可持续发展的一项重要措施。2002年6月29日,《中华人民共和国清洁生产促进法》由第九届全国人民代表大会常务委员会第二十八次会议通过,并已于2003年1月1日起施行。随后,《清洁生产标准　石油炼制业》(HJ/T125—2003)、《清洁生产标准　炼焦行业》(HJ/T126—2003)也于2003年6月1日起实施。

四、清洁生产的微观措施

(一)实施产品绿色设计

企业实行清洁生产,在产品设计过程中,一要考虑环境保护,减少资源消耗,实现可持续发展战略,二要考虑商业利益,降低成本、减少潜在的责任风险,提高竞争力。具体做法是,在产品设计之初就注意未来的可修改性,容易升级以及可生产几种产品的基础设计,提供减少固体废物污染的实质性机会。产品设计要达到只需要重新设计一些零件就可更新产品的目的,从而减少固体废物。在产品设计时还应考虑在生产中使用更少的材料或更多的节能成分,优先选择无毒或低毒、少污染的原辅材料替代原有毒性较大的原辅材料,防止原料及产品对人类和环境造成危害。

(二)实施生产全过程控制

清洁的生产过程中企业应采用少废、无废的生产工艺技术和高效生产设备;尽量少用、不用有毒有害的原料;减少生产过程中的各种危险因素和有毒有害的中间产物产生;使用简便、可靠的操作和控制系统;建立良好的卫生规范(Good Manufacture Practice of Medical Products, GMP)、卫生标准操作程序(Sanitation Standard Operation Procedures, SSOP)和危害分析的关键控制点

(Hazard Analysis Critical Control Point,HACCP);组织物料的再循环;建立全面质量管理系统(Total Quality Management System,TQMS);优化生产组织;进行必要的污染治理,实现清洁、高效的利用和生产。

(三)实施材料优化管理

材料优化管理是企业实施清洁生产的重要环节。提高材料管理的重要方面有选择材料、评估化学使用、估计生命周期等。企业实施清洁生产,在选择材料时应关心再使用与可循环性,具有再使用与再循环性的材料可以通过提高环境质量和减少成本获得经济与环境收益;实行合理的材料闭环流动,主要包括原材料和产品的回收处理过程的材料流动、产品使用过程的材料流动和产品制造过程的材料流动。原材料的加工循环是自然资源到成品材料的流动过程及开采、加工过程中产生的废物的回收利用所组成的一个封闭过程。产品制造过程的材料流动包括材料在整个制造系统中的流动过程,以及在此过程中产生的废物的回收处理形成的循环过程。制造过程的各个环节直接或间接地影响材料的消耗。产品使用过程的材料流动是在产品的寿命周期内,产品的使用、维修、保养和服务等过程以及在这些过程中产生的废物的回收利用过程。产品回收过程的材料流动是产品使用后的处理过程,其组成主要包括:可重用的零部件、可再生的零部件、不可再生的废物。材料消耗的四个环节里,都要做到将废物减量化、资源化和无害化,或将废物消灭在生产过程之中,不仅要实现生产过程的无污染或不污染,而且生产出来的产品也要没有污染。

第三节　绿色化学的历史、原理与发展趋势

清洁生产战略催生了一个全新的化学分支,这个新的化学分支被称为绿色化学,它被视作一种清洁生产的方法。绿色化学标志见图1.1。

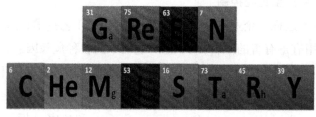

图1.1　绿色化学标志

目前,绿色化学已经成为可持续发展的重要组成部分。绿色化学诞生于美国,然后传播至欧洲,且已在白俄罗斯和中国有所发展。最近它在其他发展中国家也得到了越来越多的重视。例如,2010年11月,由绿色化学联合创始人保罗·阿纳斯塔斯教授主持的绿色化学大会在埃塞俄比亚亚的斯亚贝巴举办,推动了泛非化学联盟的发展。

一、绿色化学的发展历史

绿色化学发展的主要历史里程碑如下。

1962年,生物学家蕾切尔·卡逊出版了《寂静的春天》一书,帮助公众意识到环境污染和杀虫剂对环境的危害。

1969年,时任美国总统理查德·尼克松成立了公民环境质量咨询委员会和内阁环境质量委员会。同年,尼克松任命白宫委员成立一个环境机构,进一步加强环境方面的治理工作。

1970年,美国EPA成立。

20世纪80年代,通过末端治理进行污染防治的方法被广泛认可。1988年,美国成立了预防污染和有毒物质办公室。同年,英国、日本、法国开展了安全化学活动,但这些活动尚未像在美国一样受到国家监管。

1990年,时任美国总统乔治·布什通过了《污染防治法案》。

1993年,美国EPA实施绿色化学计划。该计划开创了对化学品进行设计和加工以减少对环境负面影响的先例。

1995年,时任美国总统比尔·克林顿成立了总统绿色化学挑战奖,旨在鼓励那些参与化学品生产的工作者将环境可持续的设计和流程纳入生产实践过程中。这是唯一一个由总统颁发以奖励化学工作者的专项奖励。

1997年,美国绿色化学研究所成立。它的创建是为了使化学企业及其从业人员保护地球并造福人类。

1998年,保罗·阿纳斯塔斯和约翰·华纳联合出版了《绿色化学十二原则》。同年,英国皇家化学学会(Royal Society of Chemistry)组建绿色化学网络,该网络由英国约克大学化学学院(Department of Chemistry University of York)资助。

2000年后,加利福尼亚绿色化学倡议及其他重大绿色化学措施得以实施。

2006年,第一届国际纯粹与应用化学联合会(International Union of Pure and Applied Chemistry,IUPAC)绿色化学大会作为可持续发展化学大会在德国德累斯顿举行;两年后,第二届会议在俄罗斯圣彼得堡举行。2008年,时任美国加利福尼亚州州长阿诺德·施瓦辛格签署了用于制定绿色化学政策的法案。一年后,时任美国总统贝拉克·奥巴马任命保罗·阿纳斯塔斯担任美国EPA研究与开发部的负责人。

1998年,保罗·阿纳斯塔斯和约翰·华纳首次提出了"绿色化学"概念。今天,任何有利于环境条件改善的化学进展都被称为绿色化学。保罗·阿纳斯塔斯曾经指出,优秀的化学家都支持绿色化学工作,绿色化学原本就是做好化学工作的一部分。绿色化学通过排除危害成分的影响时间,促使"风险=危险×剂量(暴露)"这一公式发生变化。换句话说,通过降低反应物和过程的危险程度来降低风险。绿色化学被正式定义为"作为一种化学合成的哲学,最大限度地减少有害物质的使用和生成"。然而,如果仅仅将绿色化学视作为减少或消除有害物质而增加了安全生产过程的化学,这个定义就不太准确了。绿色化学是为减少和防止环境污染而提出的革命性概念。从前,人们常将绿色化学和可持续化学的定义混淆,将绿色化学称为可持续化学。但正如意大利化学家华金·巴罗佐所言,我们必须区分绿色化学和可持续化学,否则我们会面临混淆目的和过程的风险。可持续化学是一种在对环境(即我们的生态系统)的破坏降至最低的同时,仍可以进行持续的变革,以维持我们的工业和世世代代从中获得的利益,并扩大规模的哲学方法。绿色化学过程所涉及的所有问题不仅是一个环保问题,也是一个经济问题。利用生物质资源甲醇研发汽车燃料的物理化学家朱清施曾说:"绿色化学中的'绿色'也是货币的颜色。"

二、绿色化学的原理

作为化学制品系统化制造方法的基础,绿色化学需要被重视。绿色化学的新颖性在于制造商不仅要保证产品制造过程的生态友好性,而且要保证整个产品"生命周期"不同阶段的生态友好性。2010年,国际标准ISO 26000:2010发布,提供了包括环境问题在内的社会责任指导方针。

绿色化学的概念可用助记法加以形象化,即"PRODUCTIVELY"(富有成效的),该词的每个字母分别代表绿色化学的十二原则的本质:P——防止浪费

(Prevent wastes);R——可再生材料(Renewable materials); O——省略衍生步骤(Omit derivatization steps);D——可降解化工产品(Degradable chemical products);U——使用安全的合成方法(Use of safe synthetic methods);C——催化试剂(Catalytic reagents);T——温度、外界压力(Temperature, pressure ambient);I——在线检测(In-process monitoring);V——极少的辅助物质(Very few auxiliary substances);E——环境因子,原料进入产物最大化(E-factor, maximize feed in product);L——化工产品的低毒性(Low toxicity of chemical products);Y——是的,它是安全的(Yes, it is safe)。

以上十二原则反映了美国和欧洲的现状,而一些国家则结合区域特色对这十二原则加以改进,如2010年南非举办的第一届绿色化学代表大会提出的绿色化学原则(GREEN-ERAFRICA)。每个字母的意思则是:G——创造财富而不是浪费(Generate wealth not waste);R——尊重所有生命和人类健康(Regard for all lives and human health);E——来自太阳的能源(Energy from the sun);E——确保降解性和无危害(Ensure degradability and no hazards);N——新思想、新思维(New ideas and different thinking);E——简单实用的工程师(Engineer for simplicity and practicality);R——尽可能回收(Recycle whenever possible);A——功能合适的材料(Appropriate materials for function);F——减少附加物质和溶剂(Fewer auxiliary substances and solvents);R——使用催化剂的反应(Reactions using catalysts);I——本土可再生原料(Indigenous renewable feedstocks);C——更清洁的空气和水(Cleaner air and water);A——避免他人的错误(Avoid the mistakes of others)。

遵循绿色化学原则进行工作不仅要求很高,而且责任重大,有时有必要打破常规去解决问题。因此,莫斯科罗蒙诺索夫国立大学的科学家们详细阐述了绿色化学的第十三条原则,即"按部就班只会让你止步不前"。

绿色化学特别提供了新的量化参数(指标),来评估过程的"绿色"程度。例如,罗杰·谢尔登引入的环境因子,可定义为废物与目标产品的质量比以及原子效率,其中环境参数为产物的分子量与所涉及反应的化学计量方程式中形成的所有物质的分子量之和的比值。环境因子越小、原子效率越接近100%,化学过程或反应越"绿色"。这两个参数差别很大的原因在于环境因子表示每千克产品产生的废物量;它考虑了化学产量,以及试剂、催化剂、废物、溶剂损失和所有的加工助剂,而原子效率的计算不考虑以上这些因素。重要的是,反应结束后产生的废物量可能超过了生产过程中产生的废物量。环境因子概念在制药行业的精细有机合成反应过程中发挥了重要的作用(25～100),而在大宗化学品合成过程中的作用最小(<5)。

推动了绿色化学发展的要素有三个。①国家立法,它监督材料的危害等级,建立不当废物处理的罚款制度和制造商对违反生态标准的责任制度。②社区,它影响化学和化学工业的形象,促进小型企业朝着更安全的方向发展,并对废物管理进行控制。③经济效益,它可通过减少投资和生产设备成本来实现。

三、绿色化学的发展趋势

绿色化学的当前发展趋势可以概括为三个方向:创新合成方法、不使用有机溶剂及使用可再生(生物质)原料。

(一)创新合成方法

很显然,绿色化学需要绿色反应(也称为"理想反应")。绿色反应通常是在非标准条件下用微波辐射、紫外线、超声波、机械活化等代替高温和高压进行的。在这种背景下,微波辐射被命名为近代"煤气"。新的合成条件通常涉及新的反应机制。例如,用微波代替传统的加热方式,使苯甲醇通过硝酸铁氧化反应生成苯甲醛,该过程中就没有副产物生成(式1-1)。

$$\text{（图：苯甲醇 } \xrightarrow[\text{微波加热}]{\text{Fe(NO}_3)_3 \cdot 9\text{H}_2\text{O}} \text{ 苯甲醛）} \qquad (式1\text{-}1)$$

在非常规条件下,专用设备也被运用于绿色化学合成。白俄罗斯著名化学家拉姆肖曾建议将小型化作为过程强化的最后阶段。拉肖姆建议后,工业领域里各种化学反应器的设计不断推陈出新。

当然,绿色反应还需要绿色反应物。过氧化氢就是绿色反应物之一,可在负载钯铂催化剂条件下通过氢和氧原位合成(式1-2)。在这个反应中获得的过氧化氢,实际可应用于以压缩(超临界或液态)二氧化碳为溶剂、少量水和甲醇为助溶剂的丙烯一步氧化合成环氧丙烷的反应中。在反应中添加抑制剂可有效抑制许多常见的副反应,包括丙烯的氢化、环氧丙烷的水解以及环氧丙烷与甲醇的反应。

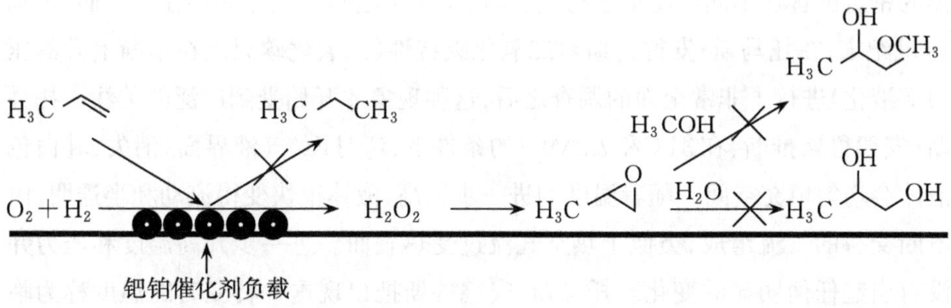

（式1-2）

在90℃条件下，以钨酸钠和十六烷基三甲基硫酸氢铵为催化剂，过氧化氢已成功取代了硝酸，使环己烯氧化合成己二酸(式1-3)。合成的己二酸可以用作食品添加剂(E355)，还可作为水垢去除剂的基本成分。

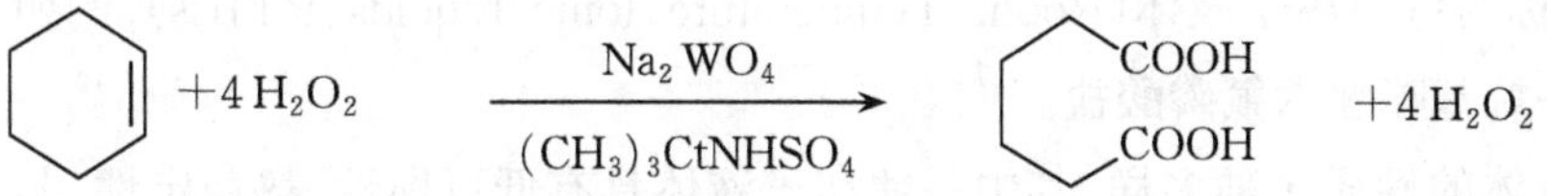

Ct＝十六烷($C_{16}H_{33}$)　　　　　　　　　　　93%

绿色化学利用了催化反应的优势，使其十二原则在催化技术中得到了全面的应用。催化过程包含化学催化系统与生物催化系统。例如，以间氯过氧苯甲酸为氧化剂，可将酮转化为内酯(拜耳-维立格氧化重排反应，式1-4)。最近有研究证实，可将面包酵母和作为氧化剂的氧气一起用作生物催化剂(绿色化学原则第2、6、11条)。

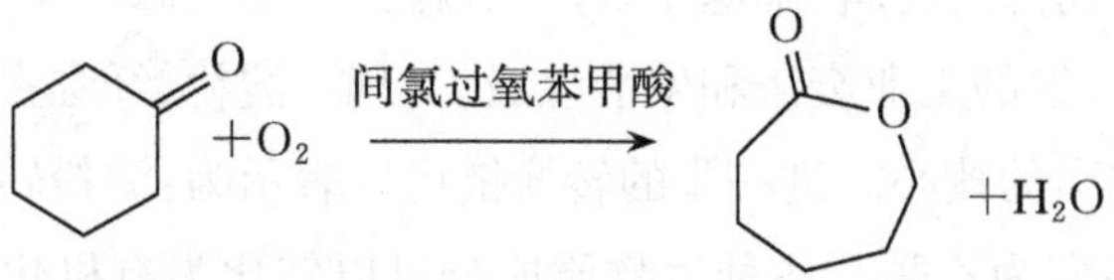

（式1-4）

(二)不使用有机溶液

绿色化学的一种趋势是工艺流程中不使用有机溶剂。目前使用的大多数溶剂是挥发性的有机石油衍生物，这些溶剂是不可再生资源，且具有火灾隐患、爆炸性，并可造成环境污染。

超临界流体可作为常规溶剂的替代品。在过去的200年里，它们一直吸引着化学家的关注。1822年,查尔斯·卡格尼亚德·德拉图尔男爵用装满了各种流体的密封试管在不同温度下进行实验时,发现了超临界流体的存在。然而,直到19世纪末,在托马斯·安德鲁斯对二氧化碳特性(二氧化碳只能在不断上升的压力下液化)进行了非常全面的调查之后,这种现象才开始受到广泛的关注。托马斯·安德鲁斯推断,在31℃和7.2MPa的条件下,弯月面(气液界面)消失,乳白色液体会均匀填充空间。随着温度的进一步提高,液体很快变得流动和半透明,由不断交替的气流组成,类似于热空气流过受热表面。进一步升高温度和压力并没有引起任何明显的变化。托马斯·安德鲁斯把出现这种转变时的温度称为临界温度,把高于临界温度下的物质状态称为超临界状态。

化学反应过程中开发的新溶剂不止超临界流体,还有离子液体。离子液体只包含离子。从广义上讲,离子液体是液态的盐。在某些情况下,离子液体仅指熔点低于某个温度(如100℃)的盐。目前,这一术语通常是指在室温下熔化的盐,因此被称为室温离子液体(Room Temperature Ionic Liquids,RTILs),例如1-甲基-3-烷基咪唑六氟磷酸盐。

离子液体的性质多种多样,其中一些离子液体具有低可燃性、热稳定性、非挥发性和良好的溶剂化性质。离子液体也是水溶性的,其中许多具有高导电性。纤维素由于存在大量分子间氢键,不溶于水和大多数有机溶剂,然而据报道,纤维素可溶解于离子液体。

(三)使用可再生(生物质)原料

这种基于可再生原料的绿色化学趋势被称为白色化学,它仍然是生化技术的一部分。

生物质是生物降解材料,来源于农产品(蔬菜和动物源废物),林业及相关工业废物,可生物降解的工业废渣和生活垃圾。目前,淀粉、纤维素、木质素等生物质是循环利用过程的核心。进一步的转换链可以表示为:淀粉转化为葡萄糖(单糖),再经发酵转变为乙醇。各种生物质成分可以转化为有机化合物(也称为平台化学品)和生物燃料。生物燃料基本上是碳氢化合物燃料,但不是来自石油,而是来自各种植物的生长过程中产生的可再生生物质,包括甘蔗、油菜和洋姜。柑橘果皮和海鲜也被认为是生物燃料的来源。当前技术可以同时获得液态生物燃料(乙醇、甲醇、生物柴油)和沼气。尽管石油危机已经迫在眉睫,但生物燃料的全面部署预计要到2030年才能完成。甘蔗和玉米燃料的质量比石油差,而且需要对发动机进行实质性的结构改造才能使用,最关键的是,它们的价格比石油更高。生物燃料转换仍然是一个遥远的企望。俄罗斯科学院莫斯科生化物理研究所的会员谢尔盖·瓦佛罗马夫教授报告说,最近发现的一石油,其矿床形成历时仅约50年。这一引人注目的结论是科学家们在俄罗斯堪察加半岛的乌逊火山口探索石油渗漏的研究成果。瑞士科学家们使用放射性碳年代测定程序计算出了它的形成时间。这种石油是由嗜热细菌在温泉表面厌氧合成产生的:二氧化碳－脂类－碳水化合物。这种石油自然生产的规模非常小,5年才产生约10L。目前还无法确定这种石油是否能成为未来工业技术的基础。

四、绿色化学的发展现状

化学制造业向绿色制造战略转变的主要驱动力之一是化学对环境造成污染的负面形象。公众对化学问题的极大关注促进了"尽心尽责全球约章"的建立,该倡议目前在50多个国家和地区实行,这些国家共同致力于监测其企业的职业和环境健康。根据《全球化学品统一分类和标签制度》(*Globally Harmonized of Classification of Chemicals*,GHS),所有化合物和化学混合物已在2015年前完成分类和标记。信息系统管理的主要内容是危险等级、象形图、信号词、危险声明及其预防措施。

根据绿色化学新型人才的业务培养需要,英国诺丁汉大学率先为学生和化学技术人员开设了绿色化学课程。这样的课程也在英国米德尔塞克斯大学、美国哥伦比亚学院、美国斯克兰顿大学、英国约克大学、英国莱斯特大学、西班牙萨拉戈萨大学等开设,旨在培养具有科学—技术—经济—环境一体化观念,具备绿色化学与化工清洁生产能力的学生。

俄罗斯作为走在前列的绿色化学国家,其高度关注环保培训,充分了解当前的观点及绿色化学蓝图。2006年,俄罗斯"可持续绿色化学"科教中心(Scientific-Educational Center "Sustainable-Green",SEC GC)在莫斯科罗蒙诺索夫国立大学成立。该中心旨在为学校教师和学生开设研究生硕士课程、专题研讨会、讲座。它还在催化作用、大气化学和腐殖质等领域进行了研究。

在白俄罗斯,第一个倡导绿色化学的机构是白俄罗斯国立大学。2009年,白俄罗斯国立大学化学系开设了绿色化学课程。2012年,该课程赢得了国际地位,并更名为"绿色化学概论:白俄罗斯和V4国家",更名是因为该课程作为国际维塞格拉德基金项目的一部分,一些来自斯洛伐克、波兰、捷克和匈牙利的专家也参与其中并进行了绿色化学讲座。

2002年,白俄罗斯开始发展以无污染燃料加工为目标的工业工程领域。2006—2007年,白俄罗斯国立大学物理和化学问题研究所联合白俄罗斯国家能源集团和格洛德诺化纤厂共同研发了生物染料生产装置,该装置利用菜籽油生产生物柴油,年产能为5×10^6t。目前,白俄罗斯国立大学物理和化学问题研究所对生物丁醇生产新工艺技术进行了详细阐述。2015年,浙江树人大学和白俄罗斯国立大学建立了"中国—白俄罗斯环境友好产品研制和技术转化联合实验室",用于开展绿色技术与产品研发领域的合作。白俄罗斯国立大学和浙江树人大学在研究领域的合作唤醒了中白双方在教育领域的合作,并于2015年启动"绿色化学国际化课程建设"项目。当前绿色化学课程的目标是展示化学安全生产的可能性,引导学生实施绿色技术和社会可持续发展战略:①介绍绿色化学的主要趋势,采取积极主动的方法解决安全化工生产中的问题;②建立一个安全且对环境友好的工业水平和实验室水平的化学过程的基本指导方针。

绿色制造战略需要新的化学品管理政策。2007年,欧盟《化学品注册、评估、授权和限制制度》(*Registration, Evaluation, Authorization and Restriction of chemicals*, REACH)生效。目前,超过17家白俄罗斯的企业,如贝尔希纳公司和希姆沃洛克诺公司,都已依照该制度成功注册登记。2020年,中国生态环境部发布了《新化学物质环境登记办法》。这一规定类似于欧盟的REACH法规,也被称为"中国的REACH法规"。根据该规定,新化学物质不论产量多少都必须向化学品登记中心申报。

课后习题1

第二章

可持续发展观

第一节　可持续发展战略的产生与演变

在可预见到的未来,人类对生物圈的适应能力以及确定其活动与自然界的相称性的能力将成为评估人类这一物种成功与否的标准。这也是科学家强调在发展的同时不要破坏环境的原因,可持续发展这一术语的概念也因此在现代语言中被确立下来。

1980年发布的《世界自然资源保护大纲》(*The World Conservation Strategy*)是第一份阐明和定义"可持续发展"概念的文件,而这一概念在1987年又被以挪威前首相格罗·哈莱姆·布伦特兰夫人为首的世界环境与发展委员会——布伦特兰委员会发表的《我们共同的未来》报告(*Our Common Future*)加以扩展。这份报告提出了可持续发展需要融合人类、社会和环境三大核心支柱的理念。这表明,人类应尽其所能维护可持续资源的使用,并为那些阻止环境恶化的项目提供资金支持。在1992年巴西里约热内卢举办的联合国环境与发展会议中,《我们共同的未来》提出的可持续发展概念被进一步普及。可持续发展概念:可持续发展是既满足当代人的需要,又不对后代人满足其需要的能力构成危害的发展方式。

然而,已被普遍接受的"可持续发展"理念并没有对其概念做出明确的诠释,在这概念背后隐含了"可防御的""正当的""可维持的"和"可支持的"等含义。这些隐含之意说明可持续发展理念的本质是平衡经济发展与环境保护之间的关系。

可持续发展没有一个固定并公认的定义,人们对可持续发展的态度也各不相同。它是一个包含多种定义的多维概念:可持续发展是一种寻求人的需求与环境间平衡的发展方式,它能满足人类当代与后代的需求和愿望,并将经济增长和社会发展限制在自然资源现有量及其自我再生能力范围内。

在巴西里约热内卢举行的联合国环境与发展会议上,178个国家通过了一个关键性文件,即《21世纪议程》。这是一项全面的可持续发展行动计划,它提供了在生态、经济和社会领域实现社会可持续平衡的政策和方案,由此,可持续发展的三个目标区分如下。

(1)生态(Planet):维护环境完整,保护生物多样性和整个生物圈。

(2)经济(Profit):促进经济增长和效益。

(3)社会(People):改善生活条件,促使法制进步,实现社会公平。

实践证明,生态要素是人类参与的重要组成部分。根据上述三个目标,建立了可持续发展的三重底线概念,其框架内容包含三个部分,即生态、经济和社会,简称"3P"(图2.1)。

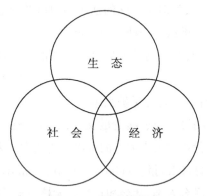

图2.1　三重底线概念

在某种程度上,可持续发展理念的贯彻基于其可衡量指标的确定。国际组织和科学界正朝着这个方向努力。从前面提到的三重底线来看,该指标应有三组因素,分别代表生态、经济和社会方面。

目前,以下标准被接受为全系统指标:①基于人类发展指数(Human Development Index,HDI)的整体可持续发展指数;②人均国内生产总值水平;③人为行动对环境负荷的比率。

可持续发展三个因素也能体现在IPAT方程(图2.2)中,该方程是一个人类对环境影响的简单概念表达:

图2.2　IPAT方程

注：变量P表示一个区域内人口数量，如全球的人口。变量A表示人群中每个人的平均消费水平（人均国内生产总值）。变量T表示应用技术的生态一致性，科学家们把希望寄托于这个特殊的变量，因为它可以帮助减少工业资源密集和人为因素对环境的影响并从由经济决定的发展模式转变到由环境所决定的发展模式。

　　2002年，在南非约翰内斯堡举行的可持续发展世界首脑会议提出了一项挑战，即制定涵盖所有公共部门实体的合作关系倡议，并承担集体责任，在地区、国家及全球层面推进和加强可持续发展相互依存的三大支柱，即经济发展、社会发展和环境保护。各国家或地区应根据《21世纪议程》采取国家层面的可持续发展战略。国家战略是各个国家或地区政府在实现可持续发展理念道路上所采取的重要策略。

第二节　白俄罗斯和中国的可持续发展战略

一、白俄罗斯的可持续发展战略

　　白俄罗斯是制定国家可持续发展战略（the National Sustainable Development Strategy，NSDS）的先驱国家之一。1997年白俄罗斯政府批准该战略并为其成立国家机关监督执行。该战略包括1997—2020年白俄罗斯符合当前趋势和社会关系的可持续社会与经济发展国家战略。NSDS-2020是依照《白俄罗斯共和国国家预测和社会经济发展规划》、2000年9月签署的《联合国千年宣言》（United Nations Millennium Declaration）和2002年签署的《约翰内斯堡可持续发展宣言》（Johannesburg Declaration on Sustainable Development）等文件详细制定的。

通过环境保护和资源管理以满足当代及后世需求是NSDS-2020的首要任务。该战略的实施着力于社会、经济和生态发展集合等方面。

(一)生态政策和自然资源经济学的发展

白俄罗斯到2020年的生态政策的首要问题集中在如下十二个方面。

(1)经济生态化。

(2)发展环境资源管理方面的立法。

(3)从大量的利用自然资源向最低程度消费不可再生资源和可再生资源的零浪费逐渐过渡。

(4)节约资源,应用低浪费和零浪费的技术;生产现代化,开发新技术和自然资源恢复的新方法;更广泛的二次利用,废物安全处置。

(5)逐步向国际技术和制造标准转变。

(6)减少人为因素造成的环境影响;恢复由开采(石油、钾盐、建筑石材、白云石、黏土等)导致的环境退化。

(7)建立指定保护区和湿地的优化体系;保护生态学。

(8)环境资产的经济评估;自然资源损害评估。

(9)基础与应用生态学研究。

(10)减轻放射性污染的负面影响。

(11)拓展生态和自然资源管理方面的国际合作。

(12)生态教育;培训;环境公共意识。

(二)自然资源的保护与合理利用

为了保证国家的可持续发展,必须对生物圈潜力的合理利用和生物多样性的保护实施综合的环境防治措施。

(三)安全的生物技术和生物安全

在20世纪初,我们看到了基于分子和基因层面的生物技术的迅速发展。事实上,在白俄罗斯的可持续发展战略中这类生物技术占据了重要的位置,政府对这方面的关注也与日俱增。因此,目前白俄罗斯已经建立一些国家技术方案,并予以实施。

(四)加强工业和生活垃圾管理

化学品在工业上和家庭中的广泛使用增加了对环境和人类健康造成不利影响的风险。为使有毒物质的使用更加安全,有助于抵消不利环境影响和防止工业与生活垃圾危害人类健康的新管理策略正在被制定和实施。

(五)国家环境立法与相关国际法律的协调

国家环境立法的完善及其与国际环境标准的协调,在计划和施行NSDS-2020中发挥着关键性作用。白俄罗斯已经加入了主要的环境公约和联合国议定书,以及一些欧洲和独联体协议;同时,还与几个相邻国家签署了各项跨国资源管理双边条约。

二、中国的可持续发展战略

中国作为世界上最大的发展中国家,始终把发展放在首位。中国是最早制定和实施可持续发展战略的国家之一。1983年,中国将环境保护确定为一项基本国策;1992年,中国签署了《里约环境与发展宣言》和《21世纪议程》;1994年,中国发表了《21世纪议程——21世纪中国人口、环境和发展白皮书》。根据"九五"规划(1996—2000),可持续发展成为中国推进现代化建设的重要战略。

《21世纪议程》明确了中国的可持续发展战略和政策,该议程共20章,可分为四个主要部分:①可持续发展的总体策略;②社会可持续发展方面;③经济的可持续发展;④保护资源和环境。每一章分为引言和项目领域两个部分。引言部分阐明了每个项目领域的目标和意义,以及其在整体可持续发展中的作用。每个特定的项目领域可分为三个部分:①行动的基础和关键问题;②解决这些问题的目标;③建议的实施。《21世纪议程》中,中国政府明确表示,必须在改善经济条件和结构、提高经济效益的同时实现可持续发展,并使国内生产总值年均增长率保持在8%~9%。

中国可持续发展战略实施特色:在地方层面开展试点和示范项目。1997年,16个省、直辖市(包括北京和湖北)被选为议程的试点地区,从而为国家可持续发展战略建设提供地方经验。到2001年末,25个省、自治区和直辖市设立了专门办事机构,负责实施地方的《21世纪议程》规划。以下为九个重点领域:①可持续发展能力建设;②可持续发展农业;③清洁生产和环境保护产业;④清洁能源和其运输;⑤自然资源的保护和可持续利用;⑥环境污染的控制;⑦扶贫和区域发展;⑧人口、健康和人类居住区;⑨全球气候变化和生物多样性保护。

2008年的金融危机爆发后,中国在2011年国民经济和社会发展"十二五"规划纲要中提出了绿色发展。"十二五"期间,中国政府提出以转变经济发展方式为主线,将增加非石化燃料比重作为约束性目标,合理控制能源消费总量、逐步建立碳排放交易市场等新政策,从而促进中国的绿色低碳发展和转型,开辟出理念与实践相结合且具有中国特色的可持续发展道路。2016年3月,第十二届全国人民代表大会第四次会议审议通过了"十三五"规划,明确了创新、协调、绿色、开放、共享发展的发展理念。在之后几年,中国通过推广绿色低碳发展模式和生活方式,保护生态系统,实现绿色发展。通过深化改革开放,从而实现合作共赢。

2015年9月举行的联合国可持续发展世界首脑会议通过了《2030年可持续发展议程》,为之后15年的各国发展和国际发展合作提供了指导,成为全球发展进程的里程碑。实施《2030年可持续发展议程》是所有国家的共同任务。该议程鼓励各国根据国情和各自特点,制定本国发展战略,采取因地制宜的措施将其落实。这一新的全球议程中,有17个可持续发展目标。

三、可持续发展目标

在全球范围内,我们普遍认为可持续发展目标包括以下17条。

(1)在全世界消除一切形式的贫困。

(2)消除饥饿,实现粮食安全,改善营养状况和促进可持续农业。

(3)确保健康的生活方式,促进各年龄段人群的福祉。

(4)确保包容和公平的优质教育,让全民终身享有学习机会。

(5)实现性别平等,增强所有妇女和女童的权能。

(6)为所有人提供水和环境卫生并对其进行可持续管理。

(7)确保人人获得负担得起的、可靠和可持续的现代能源。

(8)促进持久、包容和可持续的经济增长,促进充分的生产性就业和人人获得体面工作。

(9)建造具备抵御灾害能力的基础设施,促进具有包容性的可持续工业化,推动创新。

(10)减少国家内部和国家之间的不平等。

(11)建设包容、安全、有抵御灾害能力和可持续的城市和人类住区。

(12)采用可持续的消费和生产模式。

(13)采取紧急行动应对气候变化及其影响。

(14)保护和可持续利用海洋和海洋资源以促进可持续发展。

(15)保护、恢复和促进可持续利用陆地生态系统,可持续管理森林,防治荒漠化,制止和扭转土地退化,遏制生物多样性的丧失。

(16)创建和平、包容的社会以促进可持续发展,让所有人都能诉诸司法,在各级建立有效、负责和包容的机构。

(17)加强执行手段,重振可持续发展全球伙伴关系。

该议程重申了《里约环境与发展宣言》的所有原则,包括原材料、水、能源和环境容量问题。

原材料:直到20世纪末,石化原料才不再是关键性原材料。可再生生物技术原料有望在未来几年发挥重要作用。2020年,可再生生物技术原料的使用达到了25％,石化原料为50％;到2040年比例将达到50∶50,到2050年,可再生生物技术原料比例将提高至75％(图2.3)。然而,俄罗斯的科学家发现最新的石油形成于50年前,石油也有可能成为可再生能源。

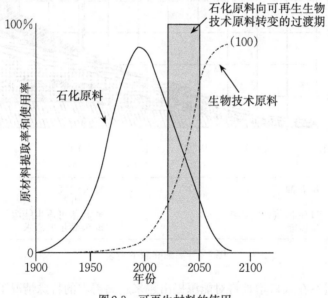

图2.3　可再生材料的使用

水:测量稳定水量的方法多种多样,但这些方法在某种程度上均较为主观,常引起争议。目前,全世界面临的主要挑战是保护生物圈,即是保护世界水生资源,尤其是淡水资源,它代表生物圈最重要的部分。

能源:俄罗斯国际研究中心库尔恰托夫研究所预言了到21世纪中期的主要

能源需求增长情况:煤能源需求呈4倍增长,生物质和废物、水电、其他可再生能源、核能分别呈3倍、2倍、9倍和3倍增长(图2.4)。人口增长将使能源需求更加紧迫,因此,推广其他可用的能源迫在眉睫。世界必须从不可再生能源向风能、太阳能等绿色能源转换。2012年,在巴西里约热内卢举行的"里约+20"峰会上,与会者强调需要实现技术创新——尤其是对作为社会可持续发展重要组成部分的能源行业——同时也提出了技术要求。而核能满足了这些要求,因为它有着取之不尽的资源基础;在正规的操作条件下,它不会对环境造成伤害;虽然现代技术没有提供核燃料循环(Nuclear Fuel Cycle,NFC)中核废料的停用和处置手段,但核工业保证了防止泄露和环境友好的核废料储存。

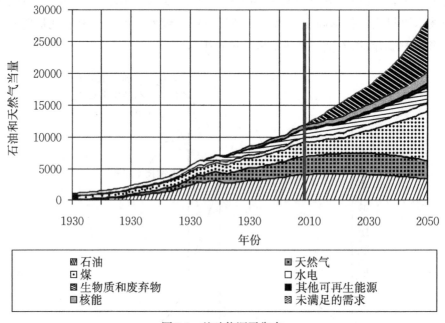

图2.4 基础能源平衡表

环境容量:在人口增长将对能源提出越来越高需求的特殊情况下,减少排放到环境中的废物并过渡到零废物的战略被视为关键任务之一。从表面上来看,零废物战略的想法是很荒谬的,因为有光明的地方总会有阴影,每一种有用的材料都会产生其对立的物质——废物。然而,以下两种新观点给废物处理问题带来了全新的视角。第一种是长期以来的观点,即"如果它有用,那么就保留它",这意味着可以将废物用在其他不同领域;第二种也是最近提出的生态新观念,即对废物进行再循环利用,零废物一词也起源于此。这一观点在过去几十年中随着日本全面质量管理体系(Total Quality Management,TQM)的发展而逐渐流行起来。最初,这个观点主要基于零缺陷思想,为制造商有效地消除生产故障提供了方法,并在日本东芝公司等企业中得到了成功运用。在过去十年里,本田汽车加拿大分社的生产废物量减少了98%。近年来,日本市政层面也已推行零废物战略。

因此,新的世界观和价值观(如绿色化学),以及可再生资源、可持续的水和能源的使用,将促使可持续社会的形成(图2.5)。此外,应该指出的是,目前可持续发展的概念和许多环保组织主张的回归自然概念的标准并不相同,因为可持续发展的概念将环境友好和生态友好的绿色技术有效结合起来。

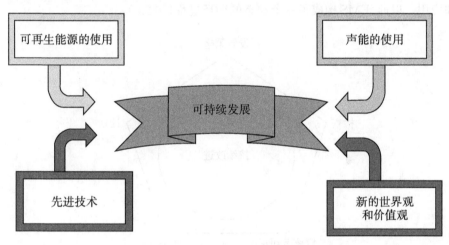

图2.5 可持续发展战略的关键

第三节 环境管理系统

由于世界上大多数制造商的目标是走向全球,所以他们有必要使用国际化的环境管理工具。自20世纪80年代初以来,龙头企业纷纷引入环境管理系统(Environment Management System,EMS)作为企业管理的一项要素。环境管理系统是在20世纪90年代可持续发展理论下出现的。1992年,英国制定了一项全新的标准——BS7750《环境管理系统规范》。1993年,《生态管理与审核计划》(Eco-Management and Audit Scheme,EMAS)获得了通过。鉴于公众对环境管理问题的日益关注,为了确保标准的统一,相应的国际标准被制定了。1996年,国际标准化组织颁布了 ISO 14001 和 ISO 14004。随后,ISO 14000 标准体系进一步扩大,而 ISO 14001 仍然是其核心文件,包括环境管理的总体要求和指导方针。环境管理的目标是环境控制和减少对环境的负面影响,目前在国家、区域和全球各个层面进行。

根据 ISO 14001,EMS 指的是一个组织的环境管理计划,包括组织结构、规划、责任和资源的发展,以及环境保护政策的实施和维护。

EMS 遵循计划—实施—检查—行动(Plan-Do-Check-Act,PDCA)或戴明循环模式:①计划——按照所采取的政策制定行动计划;②实施——实施计划,执行流程,制作产品;③检查——监督活动;④行动——流程或产品改进的确定和应用。以此,EMS 构成了一个动态的循环过程(图 2.6)。

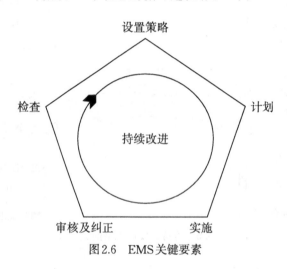

图2.6 EMS 关键要素

引入环境管理系统时,环境政策至关重要。它被组织用来宣布与整体生态效率相关的意图和原则,这为环境目标确定和后续行动奠定基础。环境政策必须符合以下标准:①必须适合问题的严重程度,并且必须与遇到的任何环境影响相称;②必须采取预防措施(以及整体推进工作)以消除环境污染的可能性;③必须遵守现行的环境法规;④必须公开所有数据。

虽然环境管理系统曾因创业风险和额外的经济负担而被一些企业拒绝,但企业可能因为缺乏这一系统而面临行政处罚和环境成本增加的风险。随着社会的发展,环境管理系统已成为新市场"入场券",提供高成本但利润丰厚的服务,改善形象,增加收入。

环境审计是环境管理系统的重要工具之一。它是一个以全面、独立和文件化的方式起草发展建议和评估经济实体是否符合要求(包括国际环境标准和条例)的监测机制。定义环境审计程序的主要国际标准是 ISO 19011 和 ISO 14015。环境审计的目标包括提供有关环境绩效标准的相关信息,揭示组织是否符合标准;完善建议,以提高现有环境管理系统项目的有效性,或改善环境保护法规和流程。

环境审计工作可以由监管机构、政府机构、实业家、投资者、保险公司或拟收购方来承担。根据欧盟国家的生态管理和审计计划,环境审计必须在三年以内进行,且覆盖有关组织的所有活动。而环境管理系统未指定具体审计周期,在任何情况下,企业使用生态管理和审计计划必须符合 ISO 14001(环境管理系统)的要求。目前,有意进入全球市场的企业都必须将环境审计作为产品环境认证的一项重要先决条件。环境认证是一种确认企业的经济活动和其他活动符合适用技术和环境法规的认证。这项认证可以应用于工业品、生产工艺、废物和环境管理系统本身。现在,全球有超过9万家企业按照 ISO 14001 标准进行了认证,其中日本超过1.8万家,中国超过8000家,西班牙超过6000家。在白俄罗斯,环境认证目前还处于初级阶段,但累积的经验证明这一领域的活动正在加强。截至2012年12月31日,白俄罗斯已有320家企业获得认证,其中303家企业获得了国家认证,17家企业获得了国际认证。

第四节 生态标签体系

生态标签是注重市场开发的环境政策工具,旨在促进生态先进产品的发展。生态标签是一个产品相关的环境质量信息,以文字、图形、彩色符号及其任意组合呈现的过程或服务。

生态标签可能还包含了以下额外信息:①产品的一般生态特性反映的产品的生命周期;②产品的特定生态特性,如不含有害物质;③天然食品认证。

生态标签的意义:①向消费者提供产品的生态特性和产品质量信息;②建立并培养客户对此类产品的信任;③扩大市场曝光度并获利;④增强产品的生态特性。

适用于产品的生态标签必须满足下列要求：①限制使用含重金属、溴、氯的物质、易燃物质和氟利昂；②成分必须都是可利用的；③制造商必须根据进口国标准调整生态政策。

目前已有包装材料、电子产品、家用电器、绿色产品、食品和化妆品等各种类型的生态标签。

电子产品标签：被瑞典专业雇员联合会(Swedish Confederation of Professional Employees，TCO)、瑞典自然保护协会和瑞典能源署所采用。

生态标签(图2.7)：确保商品和服务符合产品生命周期的最高生态标准，并对生态和人类友好。

图2.7　生态标签

食品标签(图2.8)：包括未使用化学杀虫剂和化肥种植、没有添加色素或合成成分的天然农贸产品信息。

图2.8　食品标签

化妆品标签(图2.9)：1998年英国联合会(British Union，BU)推出的国际知名的"人道化妆品标准"包括"动物友好"和"未在动物身上测试"标签，为消费者提供未经动物试验的化妆品。

图2.9　化妆品标签

　　包装标签问题值得被人关注,因为大多数产品包装或产品本身上将印有基本的生态标签,人们需要对这些标签有所了解。有一些生态标签表明包装材料是可回收的。另一些则敦促消费者不要乱扔垃圾,而要将废物回收利用并支持环保。还有一些是警示其成分和材料对环境有害,或是表明产品中没有破坏臭氧层的物质。企业只有通过检查并证明其产品或产品包装对环境安全和生产质量高,才有资格使用生态标签。

　　下面列举一些常见生态标签。

图2.10　绿点标志

　　绿点标志(德文为 Der Grüne Punkt;英文为 Green Dot)(图2.10),黑和白、绿和白或纯绿色符号表示该产品的制造商为其在德国的回收和循环利用做出了贡献。

　　图2.11中三个呈三角形移动的箭头代表一个完整的循环(制造—使用—回收)。该符号表示可循环使用的材料,在循环箭头内的小数字表示材料的类型(1—19为塑料,20—39为纸,40—49为金属,50—58为木材,60—69为纤维,70—79为玻璃),且通常和三角形下方的字母缩写一起使用。这个标志简化了材料分类和回收过程。例如,1代表聚对苯二甲酸(PET),2代表高密度聚乙烯(HDPE),3代表聚氯乙烯(PVC),4代表低密度聚乙烯(LDPE),5代表聚丙烯(PP),6代表聚苯乙烯(PS)。

图2.11　可循环材料标志

国际通用的表明"食品安全"材料的标志为酒杯和叉子(图2.12),该标志表明产品中使用的材料是可与食物接触的。该标志表示该产品包装应该被扔进垃圾桶,图示通常还伴随"保持整洁"和"谢谢"的标语。

图2.12　食品安全标志

图2.13中标志被称为"被打叉的垃圾桶标志"。当产品或产品包装上出现这个标志时,表示产品含有有害物质,例如电子设备(电池、计算器等)含有汞、镉或铅,不应和一般的生活垃圾放在一起,而是应装入合适的容器并放到指定的收集点,以进行回收。

制造商通常把这类标志印于自己回收或可回收利用的材料制成的包装上。同时,制造商还常把产品中使用的回收材料的确切比例印在包装上并加以描述,如"该产品含有95%的再生纸和纸板"。

图2.13　有害物质标志

在白俄罗斯和俄罗斯,国家生态标志代表产品的质量,而不是其包装的特点。图2.14是俄罗斯的第一个生态标志,于2001年在俄罗斯圣彼得堡公示,活力的叶子是产品质量的象征。然而俄罗斯仍需要加入全球环境标志网络(Global Ecolabelling Network,GEN),使其生态立法能够被欧盟所认同,以满足欧盟对生态标志的要求。

图2.14　俄罗斯生态
标志

图2.15为白俄罗斯共同实践技术规范标志。2008年6月1日,白俄罗斯内务部长会议委托白俄罗斯国家标准化和认证研究所制定的《通用技术规范》(The Technical Code of common practice)在白俄罗斯颁布。自该规范生效以来,白俄罗斯国内生产商和进口商纷纷自发地给食品类商品打上了天然产品的标签。

中国环境标志(图2.16)在1993年由中国国家环境保护局(现中国生态环境部)发起。该机构为建筑材料、纺织物、交通工具、化妆品、电子产品、包装等提供了环保标准。这个由政府运作的环保标志(十环标志)由中国国家环境保护局管辖范围内的中国环境联合认证中心发行。该标志选自一次大众设计大赛,意味着"集合所有力

图2.15　白俄罗斯共
同实践技术规范标志

量保护人类赖以生存的环境"。中国环境标志项目是一个公众自愿参与的生态标志计划,旨在鼓励企业合理使用资源和能源,开发和生产环保型产品,引导消费者选择和识别绿色产品,实现可持续消费,为企业和公众自主参与环境保护提供途径。

图2.16 中国环境标志

图2.17是一个有机食品标志,其使命是促进中国有机农业和食品的发展。与此生态标志相关的标准特征:①合理的生命周期和产业链阶段;②社会和环境属性;③与其他生态标志及标准细节的相互识别,包括标准文件、审查频率等。

图2.17 有机食品标志

课后习题2

第三章

化学品的管理

第一节　全球产品战略

化学物质的生产和使用为发达国家和发展中国家带来了经济增长与整体发展。化学物质直接或间接地影响着所有生命体,包括人类的食品供应(化肥、农药、食品添加剂和包装等)、健康(药品、清洗剂等)和日常生活(电器、燃料等)。使用化学物质可能对人类健康和其生存环境造成不利影响。安全处理化学品的第一步是评估它们对人类生活和环境造成的危害,如一些化学物质会提高特定癌症的发病率或对水生环境构成长期威胁。第二步通过理论和实践相结合,安全、正确地处理化学品和进行应急管理,如通过分享化学危害信息来提高安全意识。

从对环境和人类构成威胁的角度研究化学物质受到了全球的关注。1980年,化学分类系统出台。根据该分类系统,所有化学品分为两类:现有化学品(1981年前产生的)和新化学品(1981年后产生的)。对新化学品需要进行危害评估。然而,现有化学品占所有化学品的99%,但其中只有8%被彻底研究过。1981年,欧洲开始采用新化学品管理办法,当时预计将有141种化学品通过毒性试验并被批准使用。

1992年,联合国环境与发展会议确立了六个方案,以加强国家与国际化学品管理工作,包括:①扩大和加快国际化学品风险评估;②统一化学品分类和标签;③有毒化学品和化学品风险信息交流;④制定风险降低方案;⑤加强化学品管理能力;⑥防止有毒和危险化学品的非法国际运输。

1998年,在英国切斯特举行的欧盟成员环境部长非正式会议上,部长们强调需要制定新的化学品政策,未来化学品政策战略白皮书获得通过。对化学品政策进行了长期的讨论和大范围的修订后,欧盟委员会于2003年10月提出REACH法规,旨在修订现行的化学品法规。在2006年12月,欧盟立法者完成了欧洲化学政策制定过程。

国际化学协会理事会于2006年启动了全球产品战略(Global Product Strategy,GPS),旨在突出各个公司和整个全球化工行业的产品管理绩效的最佳方法。它结合了最有效和最先进的管理措施,有助于产品管理透明化和将产品管理标准升级到国际标准。GPS制定产品管理的简短指南,旨在强化化学工业的产品质量控制,并向公众提供与所有商业化学物质相关的处理、危害和风险信息。

第二节　责任关怀计划

基本的GPS活动构成责任关怀(Responsible Care,RC)计划的一部分。RC计划是全球化学工业的一项自愿承诺,旨在持续推动制药和化工行业在各个方面的绩效不断提高,这直接或间接地影响到环境、行业内员工和公众。RC计划于1985年由加拿大化学工业协会提出,如今已成为一项大规模的行业倡议,旨在改善生产和制造过程中的健康、安全和环境质量。它推动着世界上最大的自愿性工业计划,并获得了联合国的认可与授权。该方案于2002年在南非约翰内斯堡举行的可持续发展问题世界首脑会议期间获得通过,以树立在企业中严格实施健康与环境政策的化学工业形象。目前,全球化工企业和国家协会都在积极参与该计划的关键领域:健康、环保与安全。自60个国家或地区的化工企业参与该计划,约占全球化学总产量的70%。

责任关怀计划成员公司的愿景:到2020年,所有化学品以对人类健康和环境风险造成最小影响的方式进行生产和使用。从1988年到2014年,责任关怀计划成员公司对空气、土地和水的有害排放量减少74%以上。

责任关怀计划主要基于以下八个指导原则。

(1)法律要求:遵循所有法律规定与要求,并应按照与其化学活动相关的政府或行业实践规范和指南进行操作。

(2)风险管理:确保其活动不会对员工、承包商、客户、公众或环境造成难以接受的危害。

(3)政策和文件:具有涵盖其活动的书面文件,并确保其健康、安全和环保政策反映出对责任关怀计划的承诺,并将其作为业务战略的组成部分。

(4)信息提供:向员工、承包商、客户、法定机构和公众提供有关公司产品和公司活动的健康、安全与环境信息。

(5)培训:确保所有员工都明白他们对责任关怀计划的承诺,并提供必要的培训使他们能够参与实现健康、安全和环境目标。

(6)应急响应:建立并维护适当的应急系统。

(7)持续改进:支持并参与那些能提高自身运营质量,加强健康、安全和环保意识的活动。

(8)社区互动:保持对与其生产活动相关的社会问题的认识并能对其做出回应。

在公司内部实现责任关怀计划:协助遵守环保、健康和安全相关法律法规;降低环保、健康和安全事故的风险;优化运营条件和公司绩效;提高公司对员工、当局政府、客户和公众的形象和声誉;展现公司社会责任感。

在全球产品战略计划下,产品管理政策也在不断发展。该计划是一项在整个产品生命周期内对化学品生产行为负责任管理的自愿倡议。该计划的主要目标是通过执行以下活动来消除对环境和人类健康的不利影响:①减少产品制造、包装、分销、运输和使用过程中的实际和潜在风险;②提升产品设计,明确操作和维护要求,提供咨询、培训,与消费者沟通并提供支持。

产品管理计划涵盖产品生命周期的各个阶段:初级阶段、科学研究与开发工作、原料供应、制造、储存、分配、使用、废物回收和处置。

第三节　REACH 法规

REACH 是欧盟第 1907/2006 号立法倡议,旨在控制欧盟市场上化学品(包括化学物质本身、混合物中的化学物质或物品中有意释放的化学物质)的生产、使用和放置。该倡议于 2007 年 6 月 1 日生效,并成为所有欧盟成员国必须遵守的法规。REACH 的名称来源于该立法的三个重要组成部分——注册(Registration)、评估(Evaluation)和化学物质的授权(Authorization of Chemicals)。

实施该法规的主要前提:①有一系列的立法法案(大约 40 项);②大多数现有化学品对环境和人类健康影响的详尽信息缺乏;③被视为欧洲经济关键产业

的化学工业的竞争优势丧失。

REACH法规于2006年12月13日以欧洲议会议员529票赞成,98票反对,24票弃权获得通过,并于2006年12月18日得到了立法委员会的同意。

在之后11年内,欧盟根据这一法规,妥善修改现有的监测方法,对大约3万种化学品进行测试,以评估其对健康和环境造成负面影响的潜在风险。

REACH的主要目标是确保欧盟范围内的人类健康和环境高安全标准,并通过高安全标准提高欧盟化学工业的竞争力,同时促进产品的开发。通过在中央数据库中登记化学品,对选定的化学品进行评估,对危险化学品授权和禁止进口未登记化学品等法律来实现目标。欧洲化学品管理局(European Chemical Agency,ECHA)是2007年4月在芬兰赫尔辛基成立的洲际机构,负责REACH系统的技术、科学和行政方面的管理(图3.1)。该机构在其主要活动中,对化学品进行注册和评估,以及许可和认证。由于该机构的存在,赫尔辛基也被认为是欧盟的化学首都。

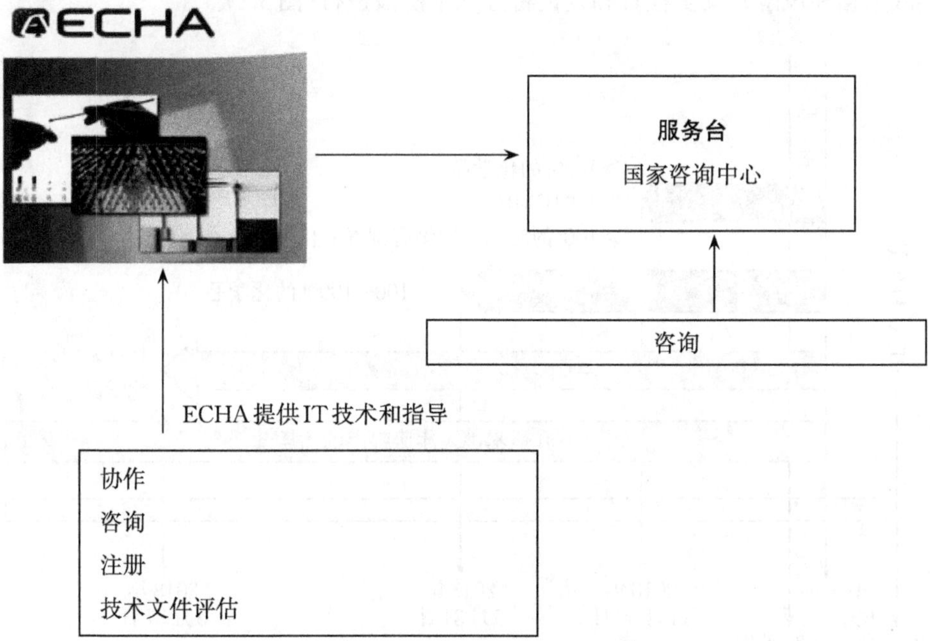

图3.1　REACH管理系统

REACH管理系统的基本原则:①制造商和进口商对与产品相关的所有方面负责并承担开支;②负责、透明、公开;③替换危险化学品。

根据REACH法规,管理化学品生产和使用带来的潜在风险,提供毒性数据、化学危害指数以及与生产和使用相关的影响风险评估等,都将是化学品生产企业的责任。按照规定,提供风险信息的总体责任也在于供应商。

根据"没有数据就没有市场"这一关键口号,REACH法规要求制造商/进口商对每年生产或供应1t及以上的化学品在中央部门进行注册。

REACH法规执行以下主要功能:①它描述了如何分阶段解决市场上大多数化学品信息缺乏的问题(通常称为"过去的负担"),其中包括按年产量不同对现有化学品实行注册的时间表;②它强调在整个欧盟使用化学品管理系统,所有"新"化学品的数据也应包含在这个管理系统内。

以下简要说明可以让我们熟悉REACH法规的主要组成部分。

(一)注册

其中化学品的制造商和进口商有义务就每个公司每年生产或进口1t及以上的化学品,向欧洲化学品管理局提交含有危害信息的注册卷宗。按照两个标准(数据和风险),安全检查和登记将分三个阶段进行(图3.2)。

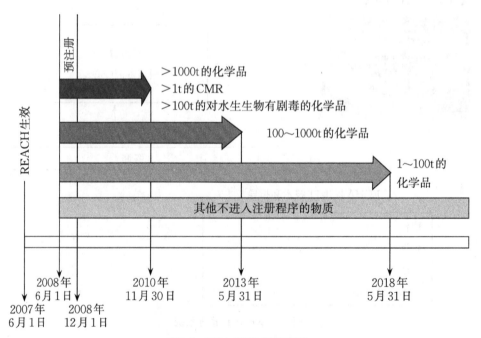

图3.2 REACH注册时间表

①生产或进口量:根据生产或进口量3年内大于1000t,6年内为100~1000t,11年内为1~100t,登记的期限分为3年、6年和11年三个阶段。

②风险:极端危害物质将在3年内进行评估。其中包括致癌、致突变性或生殖毒性(Toxic to Reproduction, CMR)物质,持久性、生物累积性和毒性(Persistent Bioaccumulative and Toxic, PBT)物质,非常持久且极具生物累积性(very Persistent and very Bioaccumulative, vPvB)物质等。

现今,化学品注册有以下几种原则。

(1)"一种物质,一次注册"。REACH法规鼓励所有公司通过联合向ECHA提交注册数据来共享数据。在极少数情况下,如果发现信息披露可能导致商业劣势或侵犯其知识产权的情况,公司可以免除提交注册档案的责任。

(2)吨位范围为每年1~10t。为了降低成本,估计有1.7万种小批量(1~10t/a)生产或进口的化学品不承担全面的安全评估义务。降低费用只适用于对环境和人类健康没有潜在风险的化学品。

(3)吨位范围为每年10t~100t。制造或进口数量为10t及以上的化学品必须提交包含安全和风险评估数据的化学安全报告。

(二)评估

评估是对注册卷宗的审查。REACH法规提供了不同的评估程序:①合规检查(如单独提交的卷宗),由机构检查提交的注册卷宗是否符合法律要求,以及是否包括注册人提交的卷宗修订版和更新后的版本;②物质评估,机构通过要求进一步提供有关该物质制造过程的信息,评估某物质可能对人体健康和环境构成的威胁。

作为评估过程的结果,机构可以通过授权程序将生产限制措施或物质信息转交主管机关,以便主管机关对任何可能的后续操作做出反应。

(三)授权

任何使用或销售高度关注物质(Substances of Very High Concern, SVHC)的生产者、进口商或下游厂家都必须获得特殊的授权。这些物质包括CMR、PBT物质和vPvB物质。被确定为PBT和vPvB的物质,必须用危害较低的可替代物质代替,而致癌和致突变化学品如果附有证明其在制造和使用过程中所产生的风险能够被有效控制的文件,则适用的条件可不太严格。在这种情况下,可引入安全阈值以确保人体暴露远低于该阈值水平。如果没有危害较低的替代品可用,替代必须在后续阶段进行,替代时间根据具体情况而定。

(四)限制

限制是用于保护人类健康和使环境免受化学品造成的无法接受的风险的法律工具。

(五)分类和标签

REACH法规提供了新的分类和标签系统,其中有三个主要概念:物质、混合物和物品。物质是指在自然状态下存在的或通过生产过程获得的化学元素及其化合物,包括为保持其稳定性所需的添加剂和加工过程中产生的杂质,但不包括不会影响物质稳定性或不会改变其成分的可分离的溶剂。混合物是指由两种或两种以上物质组成的固体或溶液。物品是指在制造过程中获得特定形状、外观或设计的物体,这些形状、外观和设计决定物品的功能,而不是化学成分。

REACH法规覆盖所有行业,如碳氢化合物加工品、纺织品、电子产品、汽车、建筑材料、钢铁、纸浆和造纸。REACH法规适用于大多数物质,只有少数物质被排除在外。被排除在外的物质包括放射性物质、每年年产1t以下的物质、废物、海关监管物质、研发产品和改进生产工艺过程中所使用的化学品、聚合物和非提纯中间体。

安全数据表(Satety Data sheet,SDS)是REACH法规的主要工具之一。每年以1t及以上的数量制造的物质和混合物在供应链中都应该提供SDS。SDS包括注册机构的详细信息,物质(或混合物)的性质、预期用途,以及《全球化学品统一分类和标签制度》(Global Harmonized System,GHS)提供的分类和标签数据。它确保供应商传达足够的与物质及混合物处理、处置和运输中可能的危害和指令有关的信息。SDS包含了16个标题:①物质或混合物以及供应商的识别;②危害识别;③成分/组成信息;④急救措施;⑤消防措施;⑥意外释放措施;⑦处理和储存;⑧接触控制/个人防护;⑨物理和化学特性;⑩稳定性和反应性;⑪毒理学资料;⑫生态信息;⑬处置考虑因素;⑭运输信息;⑮法规信息;⑯其他信息,包括关于SDS的准备和修订的信息。符合分类标准的每年产量10t及以上的物质必须附有化学品安全报告(Chemical Safety Report,CSR)。该报告记录了化学品安全评估结果并通过暴露场景向所有化学品使用者提供信息。暴露场景是描述物质如何被制造或使用,以及如何控制物质以免暴露给人类或释放到环境中的一系列必要控制手段。

图3.3显示了REACH法规的注册和评估程序。

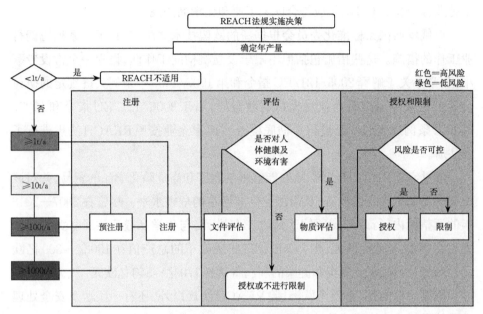

图3.3 REACH注册决策树

REACH法规的目标是控制欧盟内化学品的生产和使用。它直接影响了欧盟各行业、进口商、零售商和化学品生产消费者的广泛供应商,对向欧盟市场供应产品的出口公司也有重大影响。来自美国、中国、加拿大、日本、韩国的出口商与欧盟合作,积极参与到向欧盟市场提供的物质、混合物、中间体和物品的注册流程中。不同国家对REACH法规的整体态度尚不明确。自2003年3月以来,REACH法规一直受到WTO的关注。在16次贸易技术壁垒(Technical Barriers to Trade,TBT)委员会会议期间,23个国家及地区对REACH法规表示担忧并发表评论。随着实施过程的展开,有几个消极影响被认为是REACH法规的主要缺点,这些影响包括了产品高成本、高加工,检验和注册高支出,产品成本(5%~15%)增加,廉价商品市场率的下降(估计将有5%~10%的商品从市场撤出),由于置换了来自第三世界国家的原料带来的配方和技术修改,欧盟工业的出口能力下降,生产转移到其他国家。美国化学工业和政府都反对REACH法规。在美国的观点下,REACH的实施可以通过对四种有毒物质(即丙烯腈、环氧丙烷、1,3-丁二烯和苯酚)的限制来缩小消费者的选择范围。站在反对REACH法规的共同立场上,德国也加入了由美国领导的联盟。而英国化工行业认为REACH法规应符合国家工业和化学品法规。

白俄罗斯国家标准化委员会根据新的欧盟技术立法,实行了一系列协调行业工作的措施。这些措施包括但不限于设立机构间工作队,设立一个常设专家小组,举办关于解释2006/121/EU指令和第1907/2006号条例关键规定的研讨会等。白俄罗斯国有企业对出口到欧盟的,属于2006/121/EU指令和1907/2006号条例规定的产品进行了彻底检查。17家企业按照REACH法规进行了预注册。

通过实施REACH法规,欧盟能够限制有害和高危险化学品的贸易,并对该类化学品进行深入的检查,从而能评估其潜在的危害水平。尽管在2007—2018年的调整期内,行政开支预估达到约23亿欧元,与化学品登记注册有关的商务支出在28亿~36亿欧元,但是REACH法规改革的总产值在130亿~300亿欧元,专家们预测,职业安全和健康的利润将达到170亿~540亿欧元。

值得一提的是,在整个欧洲,除REACH法规以外,还有一些涉及安全处理实践的强制性法律形式的其他规定。

2003年初,中国国家环境保护总局(现生态环境部)发布了《新化学物质环境管理办法》(China New Chemical Substances Notification,NCSN)(以下简称《办法》)。该《办法》对非中国企业在中国生产或者进口新化学物质提出了新的责任和挑战。

在2010年,中国国家环境保护部(现生态环境部)发布了《办法》的修订版,取代了2003年颁布的旧《办法》,新《办法》于2010年10月15日生效。

根据新《办法》要求,不论新化学物质每年的产量,企业都要将新化学物质提交到中国生态环境部下属的化学品登记中心进行申报,例如现有化学物质名录中4.5万种物质以外的中国生产或者进口物质。该申报不仅适用于新物质本身、制剂中或拟投放物品,而且适用于将新物质作为生产原料或者中间体的药品、农药、兽药、化妆品、食品添加剂和饲料添加剂等。

REACH法规是关于危险、有毒和新化学物质相关的立法,而《办法》则专门规范了新的化学物质(图3.4)。

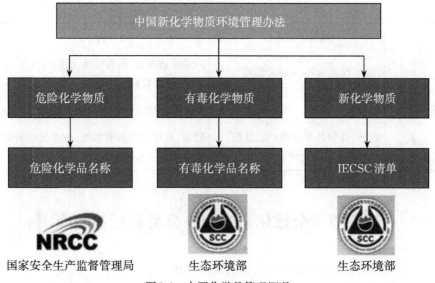

图3.4 中国化学品管理概况

中国的《办法》和欧盟的REACH法规有些不同。例如,欧盟REACH法规与中国《办法》对聚合物的注册/申报要求不同(表3.1)。欧盟REACH法规豁免了对聚合物本身的注册,但是要求对其单体进行注册。中国《办法》要求对在中国被认定为新化学物质的聚合物进行申报。此外,中国《办法》没有规定可以对阈值内吨位豁免,这意味着,无论进口或生产的新化学物质量多或少,都要申报(简易申报或者科研备案申报)。

表3.1 欧盟REACH法规和中国《办法》的异同点

	欧盟REACH	中国《办法》
相似之处	唯一代表/类似代理、风险评估报告、流程和产品导向的研发(Product and Process Oriented Research and Development,PPORD)	
	累计数据要求跟吨位有关	
	新物质查询	
	对聚合物的定义	
不同之处	涵盖:现有化学品和新化学品	涵盖:仅限新化学品
	合规类型:注册、限制、授权	合规类型:通知、IECSC补充
	聚合物:注册单体	聚合物:对聚合物本身进行注册

续表

	欧盟REACH	中国《办法》
不同之处	CSR:仅在>10t/a时才需要	风险评估报告:所有常规通报(>1t/a)中需要,在聚合物通报中免除
	申报人:欧盟法人或自然人	申报人:中国注册资本300万元以上的法人
	数据:强制共享脊椎动物数据;不需要在欧盟进行测试	数据:自愿共享所有数据;应在授权的中国实验室使用本地物种进行3类测试

第四节　全球化学品统一分类和标签制度

　　为了提高对化学品危险性的认识,许多国家已经制定了适当的分类和标签制度,以确保这些物质的安全生产、运输和处理。例如,美国要求将标签纳入危险材料识别系统(图3.5)。

　　这些系统分别反映了当地的具体情况,彼此并不兼容。因此,一个产品有时会同时标有不同的标签以及几个不同系统的注释。制造商和进

图3.5　危险材料识别系统(美国)

口商必须将化学品进行分类和标识,以符合所贸易国家的规定。1992年,联合国可持续发展会议发布了《全球化学品统一分类和标签制度》(Global Harmonized System,GHS)。2002年,可持续发展世界首脑会议建议各国于2008年开始统一实施GHS。然而,GHS于2009年1月30日才开始生效。此后,GHS被不断修订和补充。

　　GHS标签具有统一的四大要素:危害等级、符号(危害标志)、警示语、风险及防范说明。

　　(1)危害等级:危害一般被分为物理危害、健康危害和环境危害。GHS标明了如下16项物理危害:爆炸物、易燃气体、可燃气溶胶、氧化气体、压力气体、易燃液体、易燃固体、自反应物质、自燃液体、自燃固体、自热物质、与水接触释放可燃气体的物质、氧化液体、氧化固体、有机过氧化物和金属腐蚀性物质。健康危害涉及如下10项:急性毒性、皮肤腐蚀/刺激性、严重的眼睛损害/眼睛刺激性、

呼吸系统或皮肤致敏性、生殖细胞致突变性、致癌性、生殖毒理学、单次暴露靶器官系统毒性、重复暴露靶器官系统毒性、环境吸入毒性。环境危害主要包括水生危害和臭氧层危害。

（2）符号（危害标志）：用9个标签标示健康、自然和环境危害信息，分别表示了GHS中的危险等级和类别（图3.6A）。与已被淘汰的67/548/EEC条例标签（图3.6B）相比，GHS增加了致癌物质标签和压力下产生气体的产品标签。此外，表示毒性的标签也有变化，现在用感叹号的标签来表示。

图3.6　GHS标签（A）和67/548/EEC条例标签（B）

（3）警示语：表示危害的相对严重程度。"危险"表示较为严重的危害，"小心"表示不太严重的危害。警示语用来标准化表达，以及分别指出危害等级，一些较低等级的危害类别不使用警示语。

（4）风险及防范说明：危害描述（H-短语）分配了一个独特的字母数字代码，简要说明了与产品接触相关的主要危害。字母数字代码包括关于危险性质和程度的信息。代码的第一个数字表示危险类型，另外两个数字用于连续编号的H-短语（表3.2）。防范说明（P-短语）指定类似代码，旨在形成一组标准化的短语，提供有关正确处理化学品的建议，可以帮助减少或防止与产品接触而带来的相关不利影响。

表3.2　H-短语和P-短语的举例

危害描述	H-短语
物理危害	H201-易爆炸
健康危害	H300-吞食致命
环境危害	H400-对水生生物非常有毒

续表

防范说明	P–短语
一般性防范说明	P101-如需医疗建议,请将产品容器或者标签放在手边
预防性防范说明	P202-在阅读和理解所有的安全措施之前不要处理
应急性防范说明	P310-立即找中毒控制中心或医生/医师求助
储存防范说明	P402-放置在干燥处
处置防范说明	P502-按照本地/地区/国家/国际规例(指定的)处理内含物/容器

目前,约有65个国家采用了GHS或正在采用GHS。

课后习题3

第四章

绿色化学合成的一般概念

第一节　化学反应效率

有机合成是生产高分子聚合物、医药、农药、染色剂、合成纤维、食品添加剂等重要化工产品的基础。从工业化的角度看,不论是在反应过程中,还是反应完成后,它都是一个能源密集的过程。它需消耗试剂、催化剂及溶剂,且最终产品需要分离、纯化、包装并卖给消费者。在这一系列过程中会出现一些与人体健康和环境影响相关的问题。

绿色化学原理和绿色技术的实施使有机合成过程更加安全。一个典型的化学反应过程是由底物、溶剂和试剂生成产物和废物的过程(图4.1)。如果大多数试剂和溶剂可以循环使用,就可以阻断和防止废物产生,整个流程图和原来相比就会非常不同。

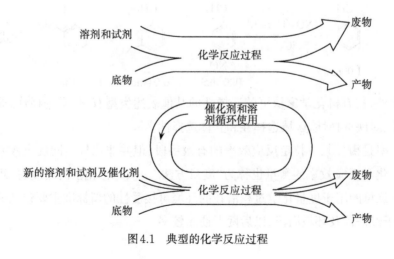

图4.1　典型的化学反应过程

通过替换反应试剂和催化剂并改变反应条件也能达到类似的结果。绿色化学注重节约,它减少原料材料和能源的消耗,降低风险和危害,减少废物的产生,从而降低反应过程的总成本。在几个已建立的合成效率定量评价的标准中,最常用的是收率和选择性。收率(以百分数表示)为目标产物实际生成量与目标产物理论生成量的比值;选择性则定义为目标产物的摩尔数与消耗的底物摩尔数的比值。公式如下。

$$收率(\%)=100\times\frac{目标产物实际生成量}{目标产物理论生成量}$$

$$选择性(\%)=100\times\frac{目标产物的摩尔数}{消耗的底物摩尔数}$$

例如,在下述反应过程(式4-1)中,如果原料苯的质量为78.11g,产物马来酸酐的质量为81.56g,那么收率为(81.56÷98.06)×100%=83.17%。

$$M=78.11g/mol \qquad\qquad M=98.06g/mol$$

又如,在下述反应过程(式4-2)中,如果消耗了1mol甲苯,生成了0.37mol对硝基甲苯,则对产物对硝基甲苯的选择性为(0.37÷1.00)×100%=37%。

1.00mol　　　　0.37 mol　　　0.04 mol　　　0.59 mol

此外,被有机化学家认可的选择性的其他表述类型有:化学选择性、非对映选择性、对映选择性、区域选择性和立体选择性。

收率是衡量某一特定反应效率的有效手段,但并非比较不同反应效率的好方法。化学反应效率的衡量也称为"度量方法"。从绿色化学的角度看,现在人们普遍认可的用于度量化学过程潜在的环境可接受性的新标准主要包括原子效率、原子经济性及环境因子,以后两者使用较多。

一、原子经济性

原子经济性是由巴里·特洛斯特于1991年创造的术语,是术语"原子选择性""原子利用率"的同义词。在一般反应A＋B→C中,原子效率是产物C的相对分子质量与反应物A和B相对分子质量之和的比值。然而,这种效率计算方法不能用作测量多级过程总原子效率的工具,因为在这种情况下,总原子效率既不是各阶段原子效率之和也不是各阶段原子效率之积。因此,人们提出了以碳效率和反应质量效率作为衡量多级合成效率的替代方法。碳效率考虑了收率以及反应物中的碳含量,反应质量效率则是目标产物质量相对于所有反应物质量之和的百分比。这种度量方法的缺点在于计算忽略了用于产物分离和纯化所用的试剂,同时也未考虑能源消耗。

$$原子经济性 = \frac{目标产物的相对分子质量}{反应物的相对分子质量之和} \times 100\%$$

有些反应类型被认为是非经济的或者浪费的,例如取代反应(式4-3)、消除反应(式4-4),以及有机金属反应和氧化反应。

$$\underset{102}{\diagup\!\!\diagup\!\!\diagup\!\!\diagup OH} + \underset{119}{SOCl_2} \longrightarrow \underset{120.5}{\diagup\!\!\diagup\!\!\diagup\!\!\diagup Cl} + \underset{64}{SO_2} + \underset{36.5}{HCl} \qquad (式4\text{-}3)$$

$$\underset{122}{\overset{Br}{\diagdown}\!H} + \underset{112}{KO\diagup} \longrightarrow \underset{42}{\diagup\!\!\diagup} + \underset{74}{HO\diagup} + \underset{119}{KBr} \qquad (式4\text{-}4)$$

例如,通过比较苯甲酸金属衍生物氧化以及氧气催化氧化两个反应,可揭示氧化剂的性质对于计算原子经济性的影响。在金属衍生物氧化反应中,原子经济性＝360÷860×100％＝42％(式4-5);在氧气催化氧化反应中,原子经济性＝120÷138×100％＝87％(式4-6)。

$$3\,\underset{}{\overset{OH}{\diagup}} + 2CrO_3 + 3H_2SO_4 \longrightarrow 3\,\underset{}{\overset{O}{\diagdown}} + Cr_2(SO_4)_3 + 6H_2O$$

$$(式4\text{-}5)$$

$$\underset{}{\overset{OH}{\diagup}} + 1/2\,O_4 \xrightarrow{\text{催化剂}} \underset{}{\overset{O}{\diagdown}} + H_2O \qquad (式4\text{-}6)$$

重排反应是原子经济性反应的一个例子,如克莱森重排(Claisen

Rearrangement)(式4-7);加成反应也是原子经济性反应的一个例子,如烯烃的卤化加成(式4-8)。

$$\text{(式4-7)}$$

$$H_2C = CH_2 + Br_2 \longrightarrow \underset{H_2C - CH_2}{\overset{Br \quad Br}{|\quad |}} \quad \text{(式4-8)}$$

复分解反应由于起始化合物和辅助物质大部分都包含在最终产品中,因此基本上是指反应过程中分子间原子或基团的交换,如烯烃复分解反应、开环复分解聚合反应、交叉复分解反应、烷基化反应等。例如,美国菲利普斯石油公司开发的用于在氧化钼、氧化铝负载六羰基钼等催化剂存在的情况下将丙烯转化成乙烯和线性丁烯的"菲利普斯三烯过程"(式4-9)。

$$\text{催化剂} \quad \text{(式4-9)}$$

第尔斯-阿尔德反应(Diels-Alder Reaction)是典型的原子经济性为100%的反应,如环己烯的合成(式4-10)。第尔斯-阿尔德反应是共轭二烯与亲双烯体之间的[4+2]环加成反应。一般来讲,共轭二烯具有电子发生基团,亲双烯体则具有吸电子基团,有时第尔斯-阿尔德反应发生在富电子的亲双烯体和缺电子的二烯之间,但这种情况不常见。环戊二烯和乙烯生成降冰片烯的反应是第尔斯-阿尔德反应的一个常见例子(式4-11)。

$$\text{(式4-10)}$$

$$\xrightarrow[24h]{200℃,\ 200\ atm} \qquad 74\% \quad \text{(式4-11)}$$

二、环境因子

环境因子是废物和目标产品的质量比,其在分析废物对环境的影响时更具有指向性。

$$环境因子(E) = \frac{废物质量}{目标产物质量}$$

这个度量指标由罗杰·谢尔顿于1992建立(图4.2),并被普遍认为是衡量化学过程(潜在)环境可接受性的有效方法之一。这个度量指标还增加了一个不确定因素,该不确定因素与如何将被利用的溶剂归入环境因子的建议有关,因为溶剂利用同样会产生废物,例如燃烧反映的主要产物为二氧化碳。表4.1表明环境因子从炼油行业(环境因子<0.1)、大宗化学品行业(环境因子1~5)、精细化学品行业(环境因子5~50)到制药行业(环境因子50~100)急剧增加,这意味着随着过程步骤增加,需要消耗的溶剂更多,同时产生的副产物也更多。在计算环境因子时,必须考虑副产物、各阶段废物的绝对量、溶剂损失、辅助物质损失、选择性、精制过程生成的废物以及多步骤过程的总收率。

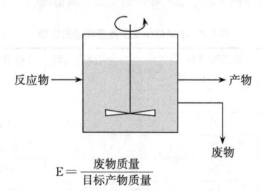

图4.2　罗杰·谢尔顿建立的环境因子度量指标

表4.1　化学行业中的环境因子

行业	年产量(t)	环境因子
炼油	$10^6 \sim 10^8$	<0.1
大宗化学品	$10^4 \sim 10^6$	1~5
精细化学品	$10^2 \sim 10^4$	5~50
制药	$10^1 \sim 10^3$	50~100

环境因子只考虑了废物生成量;然而,废物对环境的影响不仅在于它的量,而且在于它的性质。因此,罗杰·谢尔顿提出了他的理论,引入了环境商(Environmental Quotient,EQ),即由环境因子与环境不友好参数(Q值)相乘而得的值。例如,可指定氯化钠的Q值为1,则重金属盐的Q值为100~1000(如铬酸盐的Q值取决于它的毒性、回收的容易程度等)。

除环境因子外,托马斯·哈德利基还引进了一种度量指标,即有效质量收率,定义为环境友好产物相对于合成过程中使用的所有非环境友好原料的质量百分比。这种情况下的主要问题在于如何定义"非环境友好原料"的特性,例如毒性、挥发性等,因为这些参数有相当的波动性。另一种度量指标被称为过程质量强度(Mass Intensity,MI),定义为某一步骤或全部步骤中所有起始化合物、溶剂及其他试剂和目标产物的质量比。过程质量强度的计算有助于环境因子及质量产率(Mass Productivity,MP)的计算。

$MI-1=E,MP=1/MI$。

表4.2说明了度量指标和不同工业过程技术之间的相关性。对这些数据的分析证实了溶剂对各种工艺生态友好性的主要贡献情况。

表4.2　不同化学反应度量指标的比较

	收率(%)	原子经济性(%)	碳效率(%)	反应质量效率(%)	过程质量强度(kg/kg)	质量产率(%)
氢化	89	84	74	74	18.6	6.3
酯化	90	91	68	67.9	11.4	8.8
环化	79	77	70	56	21.0	4.8
酸性水解	92	76	76	50	10.7	9.3
碱性水解	88	81	77	52	26.3	3.8

焓流分析(Exergy,EX)是一种比较新的过程和产品可持续性的评估方法。焓广义为衡量系统工作潜力的指标。它是可逆过程中最大的有用功,使热力学系统通过与环境的作用从初始状态向环境平衡状态转变。与能量不同,焓不仅是所考虑物质的热力学状态的函数,而且是自然环境中常见的参考物质的函数。焓流分析包括以下特征值:可再生性($\alpha^{可再生}$),即从系统得到的有用焓占总输入焓值;效率($\eta^{整体}$),反映了过程的有效性,定义为有用的输出总焓占输入能量的

比值;烟可持续性指数(S),定义为上述参数和的半数值;还有废弃烟效率等。对这些参数的分析,使该过程具有生态和经济双重特性。

第二节　有机合成策略

　　按照绿色化学原则之一,所选择的合成策略应保证最大限度地将反应所涉及的所有原材料都转化到最终产品中。问题是选择正确的合成策略是否有指导原则?

　　这个问题的答案是肯定的。例如,逆合成分析。这个分析过程可以用来解决多步骤合成规划中的问题。在这种拆解分析的方法中,化学家朝着与合成步骤相反的方向将目标分子转化成简单的前驱体结构,重复这一过程,直到获得简单或市售的起始化合物为止。它阐明了这一过程的两个关键问题:①采用什么初始化合物? ②在某一阶段中用什么路线来合成目标分子? 这种将反应倒推进行的逻辑过程称为逆合成。线性合成转化,即初始化合物的逐渐转变,也可以作为合成策略。在这种情况下,选择合适的合成路线,重要的是合成步骤和每一步的收率。步骤越少,每一步收率越高,该策略就越好。例如方案1,线性合成过程的10个步骤中,每一步收率估计为60%,总收率则为$0.6^{10} \times 100\% = 0.6\%$。

$$\text{每步骤}60\%$$

$$A \longrightarrow \longrightarrow \longrightarrow \longrightarrow \longrightarrow \longrightarrow \longrightarrow \longrightarrow \longrightarrow B$$

(方案1)

　　这样的收率使我们所有的合成努力变得毫无意义。上述情况被形象地称为"算术恶魔",可以用两种方式"驯服":①提高每一步骤的收率。如果收率提高到80%,总收率将接近11%($0.8^{10} \times 100\% = 11\%$);如果收率为90%,总收率将达到35%($0.9^{10} \times 100\% = 35\%$)。②改用汇聚式合成方案。汇聚式合成,即为两个或多个线性的步骤,每一步都合成单个目标产物,这些目标产物最终耦合在一起以获得最终产品,因此需要较少的合成步骤(方案2)。

$$
\begin{array}{c}
A_1 \longrightarrow B_1 \\
 \searrow \\
A_2 \longrightarrow B_2 \nearrow
\end{array}
\longrightarrow C \longrightarrow \longrightarrow \longrightarrow \longrightarrow \longrightarrow \longrightarrow D
$$

$$\text{每步骤}80\%$$

(方案2)

方案2的总步骤数与方案1是相同的,总收率则提高到$0.8 \times 0.8^8 \times 100\% =$ 13%。如果我们在耦合前增加每个线性反应的步骤数(方案3),总收率将进一步提高到$0.8^2 \times 0.8^6 \times 100\% = 17\%$。对汇聚式合成,保证$B_1$和$B_2$足够的收率是非常重要的。

$$A_1 \longrightarrow \longrightarrow B_1$$
$$A_2 \longrightarrow \longrightarrow B_2 \quad \searrow C \longrightarrow \longrightarrow \longrightarrow \longrightarrow D \quad (方案3)$$

在汇聚式合成中,B_1和B_2的耦合导致了总收率的增加。方案4的反应收率为$0.8^4 \times 0.8^2 \times 100\% = 27\%$。

$$A_1 \longrightarrow \longrightarrow \longrightarrow \longrightarrow B_1$$
$$A_2 \longrightarrow \longrightarrow \longrightarrow \longrightarrow B_2 \quad \searrow C \longrightarrow D \quad (方案4)$$

在方案5中,总收率为$0.8^3 \times 0.8 \times 100\% = 41\%$。因此,合成方案的线性序列越短,效率越高。也就是说过程的效率取决于分支步骤数及每一步的收率。关键策略是增加分子复杂度。

$$A_1 \longrightarrow \longrightarrow B_1$$
$$A_2 \longrightarrow \longrightarrow B_2 \quad \Longrightarrow D \quad (方案5)$$
$$A_3 \longrightarrow \longrightarrow B_3$$

进行逆合成分析意味着需要借助计算机程序。

正如绿色化学原理中指出的那样,在常温下进行的反应可以降低能源成本。温度越高,反应速度越快,能耗越高,生成的副产物越多。低温也不可取,因为它们会增加能源消耗和溶剂消耗。在选择起始物料时还必须满足以下标准:从不同供应商获得的原料应与目标分子结构相近,毒性低,贮存稳定。反应步骤数应尽量减少。试剂选择的主要标准是成本和收率。优先选择绿色试剂(如H_2、O_2、O_3、H_2O_2等),同时应尽可能避免使用辅助物质(溶剂、分离剂等),减少或者避免使用过量反应物和溶剂。

事实上,无论是溶剂还是萃取剂都无助于最终产品原子的增加(原子效率=0%)。并且引进先进技术(如萃取柱、蒸馏塔、回收和焚烧设备)需要花费大量的资金和资源。例如,硼-曼尼奇反应可在没有溶剂的情况下,通过微波加热完成(式4-11)。

$$Ar-B(OH)_2 + \underset{\text{OH}}{\overset{\text{CHO}}{\bigcirc}} + HNR_2 \xrightarrow[\text{微波,120℃,2h}]{\text{无溶剂}} \underset{\text{OH}}{\overset{Ar\quad NR_2}{\bigcirc}} \quad (\text{式}4\text{-}11)$$

式中,R为烷基,苄基。

此外,在这种情况下,提纯过程只需简单水洗即可。除了排除辅助物质外,还必须注意所有反应成分的毒性。正如绿色化学原则中所述,在可能的情况下,使用和产生的化学物质应对人体健康和环境毒性很小或根本没有毒性。以苯和丙烯合成异丙苯为例,异丙苯为催化合成苯酚的底物。然而,该工艺所涉及的传统催化剂(如氯化铝和固体磷酸)导致了酸性废物产生和废水污染。此外,氯化铝不能循环利用,会导致原子效率的降低。随后,一种高选择性的可回收利用的沸石催化剂被设计开发出来。

另一个绿色化学原则强调,化学产品的设计应尽可能减少毒性,这意味着起始原料和目标产物都不应该是有毒的。为了解决这个问题,化学家需要彻底解决目标产物的合成问题。例如,信息素可以代替杀虫剂来保护作物,因为它显示了一种全新的作用机制。由于杀虫剂使用和合成会造成许多生态问题,因此有必要对特定植物物种防御机制中涉及的信息素官能团进行界定。

第三节 生产建议

现今,制造商需要用长远的眼光看待问题。例如,随着聚合物生产和消费的加快,聚合物废物引起的生态失衡现象阐明了其使用的复杂性。聚合物是惰性的,因此可在环境中长期存在。这种特性促使不断扩大的生物聚合物市场的出现。然而,传统聚合物的问题还没有得到解决。2009年,在位于日本和美国之间的北太平洋中部的大太平洋垃圾带(也被称为"太平洋垃圾漩涡")(图4.3)中发现了回旋着的海洋垃圾颗粒。该垃圾带特点是在受洋流影响的地区堆积了大量的海洋垃圾。研究人员目前仍在仔细研究这个垃圾带,因为它对海洋生物构成了巨大的威胁。在陆地上,主要有两种主要方法来清洁环境塑料垃圾——垃圾处理场掩埋和废物利用,但这两种方法都不符合绿色化学原则。

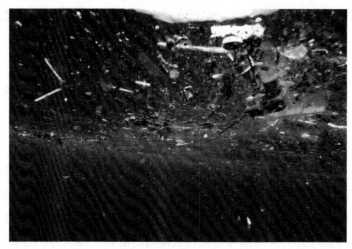

图4.3　大太平洋垃圾带

　　化工产品应被设计为在其功能结束后可被无害降解。生物降解塑料可以从几个方面获得。首先,发展最迅速的是通过植物基可再生原料制造的生物聚合物。例如,如今聚羟基脂肪酸酯的合成备受关注,其很有可能将很快应用于人们的生产生活中。聚羟基脂肪酸酯是由细菌化学合成得到的高分子材料,具有良好的生物可降解性,可以替代聚乙烯和聚丙烯。又如,可以控制依靠甜菜废料生活的细菌来制造可生物降解的聚合物。在此类细菌中,*Photobaeterium leiognathi luminous* 细菌显示出最好效果,最终产品本身为颗粒状。化学合成细菌也能产生合成高聚物的单体。例如,通过玉米或甜菜发酵获得的乳酸可用于聚乳酸的制造。聚乳酸是一种可生物降解的热塑性聚合物,在世界各地广泛生产制造。聚乳酸可用于生产食品包装、松散填充包装、堆肥袋、一次性餐具等。其次,基于天然高分子复合材料(如淀粉、纤维素、壳聚糖和蛋白质等)可生产生物降解聚合物。复合材料可以分为两种类型,即双重高分子材料和三重高分子材料。它们既可以由纯天然高分子材料组成,也可以由天然高分子材料和合成高分子材料的混合物组成。例如,三重复合材料(壳聚糖、微晶纤维素和明胶)可用于制造在填埋场可生物降解的高强度薄膜。生物降解包装中使用最广泛的天然成分是淀粉。淀粉基塑料在30℃条件下可在两周内在堆肥堆中分解,生成对植物和土壤有益的物质。可生物降解塑料的另一种变体是可在土壤中分解的聚乙烯淀粉复合物。在分解过程中,微生物降解天然成分,并将聚合物隔离成难降解的小颗粒。可生物降解包装的第三种生产方式与添加剂的使用有关。例如，普拉斯蒂是白俄罗斯第一家引进可降解塑料袋的公司，该公司生产的塑料袋包含含氧生物降解添加剂，可以在8～18个月内被氧化降解。

产品的包装材料已然成为研究和开发投入的热点。如果包装被要求易降解，无毒，可以保持产品新鲜和无菌，并且保护产品免受外部环境的负面影响，最不寻常的解决办法是可食用包装。这种解决热点环境问题的好办法吸引了公众的注意力，在广大市场中脱颖而出。这种包装既可以作为零食食用，也可以在几分钟内被热水分解。早在2012年初，《时代》杂志就将食用包装评为五件将彻底改变消费品市场的事件之一。

目前，合成可食用包装的主要成分是蛋白质（胶原蛋白、明胶、大豆分离蛋白、面筋、酪蛋白等）、脂肪酸（乙酸甘油酯、甘油酯、脂肪酸等）、碳水化合物（淀粉衍生物、纤维素酯、壳聚糖、糊精、海藻酸盐、卡拉胶、果胶、多糖等）等。食用包装材料根据其营养价值可分为可消化包装材料和不可消化包装材料两类。前者成分包括蛋白质、碳水化合物和脂肪等，后者包括基于蜡、石蜡、水溶性合成胶和天然胶、水溶性纤维素衍生物、聚乙烯醇、聚乙烯吡咯烷酮等合成的包装材料。

综上所述，我们提出21世纪合成八项原则：①设计合成对环境无威胁化合物的基本结构；②使用可再生原料；③非常规活化方法的使用；④使用催化剂而非化学计量试剂；⑤尽量避免使用溶剂和其他助剂，或使用无毒溶剂；⑥合成步骤少（避免衍生）；⑦低环境因子；⑧反应器小型化，强化合成。

课后习题4

第五章

绿色活化方法

化学过程的活化方法是目前化学研究的新热点。过去几十年来，人们越来越重视超声波、微波和光化学辅助反应，这些反应现在被广泛视为绿色活化方法。

第一节　超声波活化

超声波活化（声化学）是一种现代加速化学过程的方法。早在科学家们对绿色化学感兴趣之前，就已经对它的潜力进行过探索。1927年，理查兹和卢米斯对超声波引起的化学变化进行了初步研究，他们发现在超声波辐射下的液体存在分子碘。1933年，博伊特注意到，在超声波作用下，氮在水溶液中会生成亚硝酸和氨。1964年，马古利斯、索科尔斯卡亚和埃尔皮纳采用链式反应机制对马来酸及其酯进行声化学立体异构化合成富马酸的反应研究。如今，许多学者已经发表了对声化学进行科学研究的论文。

声音是由物体振动产生的声波，通过介质进行传播。在声波振荡的作用下，水溶液中几乎所有的声化学反应都是由空化作用引起的。空化是在充满气体、蒸汽或其混合物的液体中形成的空穴。在超声波作用过程中达到阈值是空化作用发生的必要条件。高阈值功率密度（3MHz以上）可以反过来阻碍空化，这使得一些反应不可能发生。声化学反应中使用的声频一般在20kHz到2MHz之间变化（图5.1）。

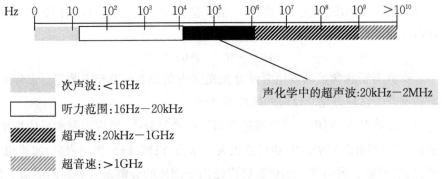

次声波：<16Hz

听力范围：16Hz－20kHz

超声波：20kHz－1GHz

超音速：>1GHz

声化学中的超声波：20kHz－2MHz

图5.1　声波频率范围

塌缩的空穴或气泡释放出大量的能量，产生声波和冲击波。对塌缩气泡中的气体进行加热，则会以光的形式激发并形成自由基。在全面塌缩点，气泡内的蒸汽温度可能飙升至5000℃，压力达到几百个大气压，可拆分化学键(图5.2)。

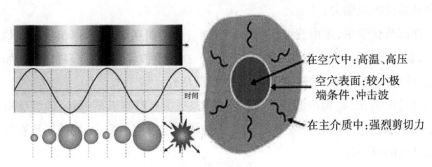

在空穴中：高温、高压

空穴表面：较小极端条件，冲击波

在主介质中：强烈剪切力

时间

图5.2　空化过程

水溶液的超声分解使得原本不能进行的反应得以发生。然而，与超声波对氧化还原和自由基反应的显著影响相比，超声波对均匀离子反应的影响通常较小。

气泡塌缩产生的极端温度条件会导致自由基化学物质的形成。水在超声波作用下均裂而形成H•和OH•，在这个反应中形成的H•和OH•是高度活泼的，并与溶液中的其他自由基或化学物质迅速相互作用。这种反应在水中的常见产物是过氧化氢。

$$H_2O \rightarrow H^{\bullet} + HO^{\bullet}$$

$$O_2 \rightarrow 2O^{\bullet}$$

$$HO^{\bullet} + HO^{\bullet} \rightarrow H_2O_2$$

$$HO^{\bullet} + HO^{\bullet} \rightarrow H_2O + O^{\bullet}$$

$$O^{\bullet} + O^{\bullet} \rightarrow O_2$$

自由基一旦形成,就可以与溶液中的其他物质发生长链反应。例如,碘化物可在声波作用下被OH•氧化成三碘化物。

$$2HO^\bullet + 3I^- \rightarrow 2HO^- + I_3^-$$

三碘负离子的含量可以用紫外分光光度法在353nm波长下测定。多年来,韦斯勒反应一直是声化学反应的标准剂量计。

在一般情况下,超声波可以通过升温影响产品分布、反应机制和反应速率,促进金属配合物配体的解离,通过修正表面张力、机械破碎、界面增强,加速相边界过程,增强粒子运动等。超声波已广泛用于固体的分散及其表面的清洁。作为声电化学的一部分,超声波有助于清洁和活化电极表面,使得离子均匀在双电层中传输通过,减少电活性物质的消耗,减少附着在电极表面的气泡数量。

吸附过程通常被认为是现代化学工业的一个组成部分,但它的使用因吸附剂的容量或慢吸附速率而受限。许多研究还表明,声波振荡可以用来提升吸附速率和增强吸附能力。

在制药化学中,超声波可在液相中直接与分子相互作用,常用于溶解、萃取、乳化、制备悬浮液,生产微粒和消毒等过程。在超声波作用下,许多抗生素(如青霉素、链霉素、四环素、单霉素等)能提高抗菌活性。

到目前为止,将超声波引入反应器的方法(图5.3)有以下三种:①将反应器置于装满水的超声波辐射罐中;②将超声波源浸入反应介质中;③使用具有超声波振动墙的反应器。

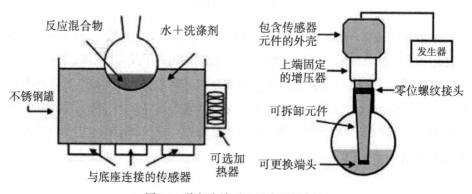

图5.3 将超声波引入反应器的方法

用于声化学反应的超声波传感器主要有两种,即磁致伸缩换能器和压电换能器。磁致伸缩换能器(图5.4)利用铁磁材料的特性,使其在磁化过程中改变形状或尺寸;然而,频率限制(低于100kHz)和相当低的电子效率(60%)被认为是该装置的主要缺点。压电换能器(图5.5)是一个多世纪前发明的,可用于超声波的产生和检测并展示出压电效应。这种传感器的效率很高(95%)。此外,根据其尺寸,可以在20kHz以上的超声波频率下使用。

图5.4　磁致伸缩换能器

图5.5　压电换能器

均相声化学反应通常通过电子转移机制进行。一个简单的例子是在酸性介质中使用频率高达2MHz的超声波进行蔗糖水解。在这种情况下,观察到的反应速率比常规机械搅拌下的酸水解更高,这是由于在超声波作用下,蔗糖被羟自由基氧化而形成了甲酸。

苄基氰的合成是一个有趣的非均相声化学反应的例子。它是生产苯乙酸及其衍生物、油漆、香料、农药、医药的有用材料,也常被用作催化剂或复合催化剂的主要组分。将反应介质溴化苄、氰化钾和氧化铝混合,并在常规机械搅拌下形成邻苄基甲苯和对苄基甲苯的收率为75%,而用频率为45kHz的超声波诱导合成苄基氰的收率为71%(式5-1)。

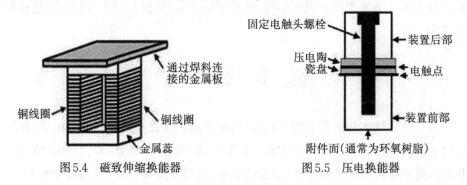

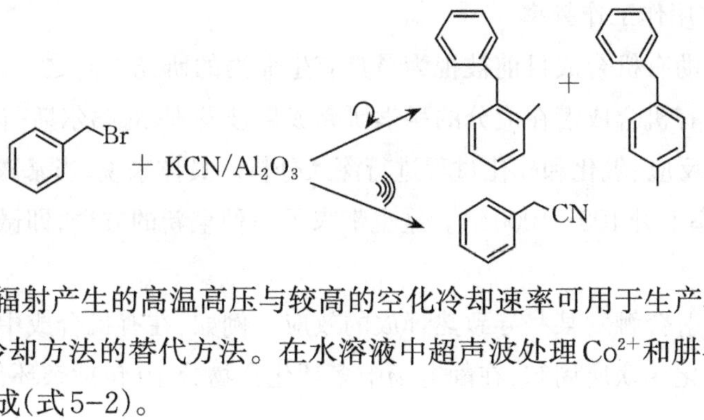

(式5-1)

超声波辐射产生的高温高压与较高的空化冷却速率可用于生产非晶纳米颗粒,是传统冷却方法的替代方法。在水溶液中超声波处理Co^{2+}和肼导致了钴纳米团簇的形成(式5-2)。

$$CoCl_2 \cdot 6H_2O + NH_2-NH_2 \cdot H_2O \xrightarrow{\quad NaOH(溶液), \text{ }))) \quad} \{Co(0)\}_n + Co氧化物$$
$$\text{灰色团簇}$$

（式5-2）

钴纳米团簇主要由钴组成，但也可以含有一定量的氧，通常是以薄氧化层的形式存在的。纳米团簇表现出磁性，可用于记录卡、数据存储卡、磁盘、其他材料设备中。

第二节　微波活化

所有现代技术几乎都会用到微波，它从国防工业逐步过渡到消费电子产品，最终通过其他经济领域进入科学和生产部门，经历了漫长的过程。今天，微波活化技术通常涉及各种工业过程，如食物脱水、木材干燥和黏合、瓷器和彩陶生产、建筑工程、油田开发等。在已出版的书籍、报告和科学文章中，记载了微波辐射的性质和用途。每年会举行许多关于微波化学的国际活动和会议。*Journal of Microwave Power and Electromagnetic Energy* 特别重视微波辐射的应用领域。

微波是电磁辐射的一种形式，波长从 0.001m 到 1m 不等，频率在 300MHz（对应波长 1m）和 300GHz（对应波长 0.001m）之间。这个宽泛的定义包括超高频和无线电频率。术语"超高频"已逐渐被"微波"一词所取代，其所界定的频率范围相同，定义的频率范围也相同。在这个范围内，有四个指定的工业应用频率：915MHz、2450MHz、5800MHz 和 22125MHz。在大多数微波化学过程中，2450MHz 被用作工作频率。

微波辅助有机合成目前被视为最具有生命力的研究方向之一。1986年，微波辐射作为有机合成潜在成分的科学研究成果被发表，对第尔斯-阿尔德反应、克莱森重排反应、氧化和酯化过程进行深入分析。具体来说，当暴露于微波能量时，反应速率上升100~1000倍。这也带来了一种全新的方法，即微波诱导增强有机反应。

微波辐射会触发某些导致热释放的效应。例如，在有机合成中应用最广泛的是介电极化。众所周知，在静电场中多环化合物分子（包括杂环化合物）的排布往往倾向于使它们的偶极子有序分布的方式。2450MHz辐射的频率与分子旋转速度的顺序相同,因此,微波可以诱导极性分子的旋转。由于分子间的碰撞,物质因能量的重新分配而被加热,从技术上讲也就是原位加热。与常规加热不同的是,在这种情况下,热量是在物质内部产生的,而不是通过其外缘的对流传递的;而外缘反过来又促进了热量的均匀分布,防止局部过热,减少副产物的生成。

因此,与低极性化合物(如碳氢化合物、四氯化碳、二氧化碳、高度有序晶体材料等)不同,具有高介电渗透性的极性化合物(如水、乙醇、乙腈等)可在微波辐射下有效加热。

微波通常不需要溶剂和回流冷凝器,并能够在敞口容器中进行反应(图5.6)。在这种情况下,反应介质的温度不需要限定在溶剂的沸点,且反应发生得更快。与传统加热法相比,微波辐射的吸收更有效。如果反应混合物的吸收能力很差,可以通过使用吸收性良好的石墨等固体载体或注入极性溶剂等添加剂来提高反应能力。

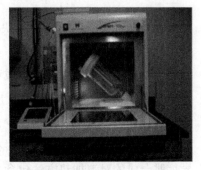

图5.6 微波固相合成仪

有时,即使混合物暴露在微波辐射中,也需要额外的催化剂。在这种情况下,通常用非均相催化剂。例如,用于酸催化的沸石催化剂,用于碱催化反应的碱性和碱土金属催化剂。均相催化剂的使用局限于金属络合物催化。

微波加热的另一个优点是可以远程将微波能量引入反应堆,这样微波源就不会与化学物质发生相互作用,且能量的引入可以立即启动和终止。此外,微波加热往往带来额外的好处有:①过程的集成(如试剂的溶解以及能量直接转移到反应混合物中);②在压力条件下进行微波加热往往能使微溶性起始化合物溶解变成均相,这是传统的加热方法难以做到的;③能够监控和控制反应的主要参数(压力、温度、时间、功率);④安全;⑤易于检查和自动监测。

微波辐射的应用引起了人们对在过热水中进行的反应的关注。在这种状态下,水的介电常数 ε 从78(25℃)急剧下降到20(300℃),而有机物在水中的溶解度显著增加。此外,从25℃加热到240℃,水的电离度增加1000倍。它升级为更强的碱和酸,催化能力和反应性得到增强。因此,在通常情况下不可能发生的水解、水合等各种反应可以在过热水中进行。其中一个例子是苯肼和丁酮在无酸催化下以过热水为介质的费歇尔吲哚合成反应(式5-3)。产物收率为67%。

$$\text{(式5-3)}$$

微波辅助/220℃/30 min

结果表明,在微波辐射下,苯胺和γ-二酮反应生成N-芳基吡咯只需几分钟(式5-4)。产物收率为75%~90%。

$$+ \quad ArNH_2 \longrightarrow \quad \text{(式5-4)}$$

微波,0.5~2 MHz

这种高速率反应可以称为快速合成。事实上,这种合成的主要耗时步骤是反应操作。

哈萨克斯坦共和国有机合成和煤化学研究所的克鲁斯塔列夫等人在微波作用下,通过异烟酸和水合肼的反应,发现了一步合成抗结核药物"异烟肼"的方法。该工艺的特点是反应步骤少,整体反应强化。

众所周知,异烟酸(111)和肼在对流加热条件下很难反应生成异烟肼(112)。异烟肼合成的对流加热方法包含多步反应(式5-5):

$$\xrightarrow{POCl_3} \quad \xrightarrow{C_2H_5OH} \quad \xrightarrow{N_2H_4 \cdot H_2O} \quad \text{(式5-5)}$$

微波辅助合成异烟肼的方程式如下:

$$\xrightarrow{N_2H_4 \cdot H_2O} \quad \text{(式5-6)}$$

因此,微波辅助合成异烟肼符合绿色化学的原则。

俄罗斯科学院库尔纳科夫普通和无机化学研究所的瓦内塞夫等人设计了一种微波诱导法,用混合盐合成铁氧体、锰铁矿、复杂钴酸盐和铜酸盐,这显著缩短了制备最终多组分产品所需的时间并减少了所需的能量。

第三节　光化学活化

光化学反应的建立及使用已具有较长的历史。许多光化学反应过程对某一种生物和整个生物圈来说都至关重要。它主要被认为是光合作用的过程和合成维生素(如人体皮肤中产生的维生素D等)的过程。卤化银的光化学分解反应是光反应的基础。有些光致变色材料在光照时能够改变颜色或不透明度,特别适用于光化学记录或太阳镜制造。光化学反应也用于化学工业。

光化学反应的机制可归结为由反应物分子吸收光子所引发的反应。一般来说,光激发时电子数为偶数的分子通过能级跃迁最初转变为激发单重态(重数为1)。后续的化学反应通常会从激发态(单重态或三重态)上开始(图5.7)。

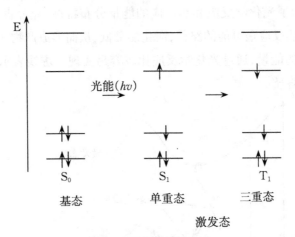

图5.7　可能的能量水平

光化学反应有三个步骤:光的吸收和分子跃至激发态;通过初级光化学反应生成初级光化学产物,包括激发的分子;初级反应生成物发生二次反应。在初级光化学产物中可以发现寿命短但能量增多的异构体、原子和自由基。

根据光的作用和效果,光化学反应可分为三种类型。第一种光化学反应为由试剂吸收光后自发产生的反应。在这类反应,尤其是链式放热反应中,光起着引发剂式触发器的作用。例如,烃的氯化和溴代、一些聚合物的合成等。第二种光化学反应为连续向反应物提供所必需光能的反应。当光源被移除时,反应进程停止。这种反应类型最著名的例子是光合作用。第三种光化学反应为引入特殊光敏剂以提高光化学效率的反应。虽然这些物质的分子可以在吸收光子后被激发,但它们不参与随后的化学反应。因此,它们可以被看作是光化学反应的催化剂。当分子在吸收光能后仍不能满足形成活性复合物的能量需求时,反应通常需要光敏剂。因此,光敏剂应该吸收不同波长的光能以进行该反应。

最著名的光敏剂是叶绿素。它在光照条件下吸收红光,在黑暗环境中将激发态的能量通过载体运输给水分子,在光合作用中起着关键的作用。因此,在分类中,光合作用的过程可以同时归于两种光化学反应。

光化学反应被广泛应用是因为其比热反应具有更多的优点,包括:①减少化学试剂的使用(光是理想的反应试剂,它促进反应的发生,消耗后不产生污染);②对温度的依赖性低;③反应速率可控;④反应产物纯度高;⑤高选择性及选择性可控。

图5.8显示了光化学反应和热反应的能量分布特性,充分肯定了上述的优点。底线表示热反应最可能的路径,活化能最低,从而形成产物1。对产物2,则需要消耗更多的能量,通过光化学反应比较容易实现。虚线表示形成产物2的光化学反应的路径。

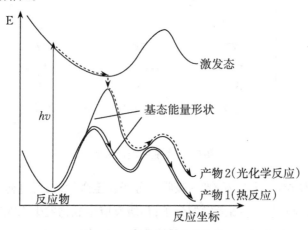

图5.8 反应的能量分布特性

下面是三个最著名的光化学反应工业化生产实例。

(1)环己烷光亚硝化法(PNC法)合成己内酰胺(式5-7)。该方法的年生产规模达到1.5×10^5t。例如,在日本名古屋的东洋人造丝工厂已有PNC法的成套设备。

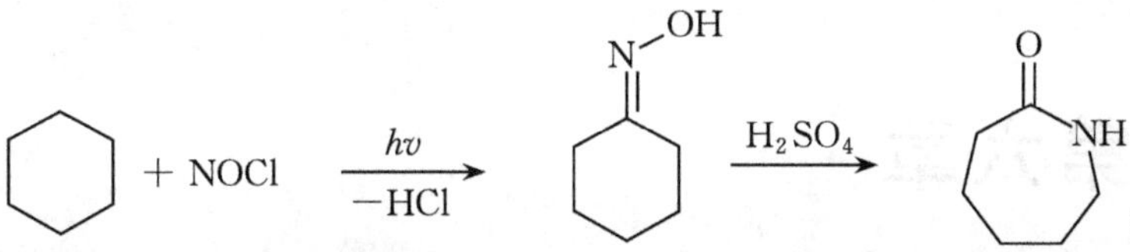

$$\text{环己烷} + \text{NOCl} \xrightarrow[-\text{HCl}]{hv} \text{环己酮肟} \xrightarrow{\text{H}_2\text{SO}_4} \text{内酰胺}$$

（式5-7）

（2）碳酸二乙酯光溴化反应（式5-8）。该方法的年生产规模为150t。该方法是由瑞典阿斯特拉制药公司开发的，该公司于1999年与英国捷利康公司合并为阿斯利康，今天它是世界上最大的英国-瑞典制药公司。

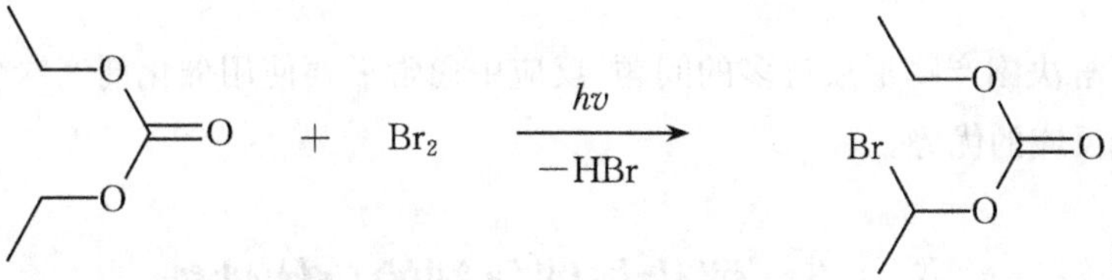

$$\text{(EtO)}_2\text{C=O} + \text{Br}_2 \xrightarrow[-\text{HBr}]{hv} \text{BrCH(CH}_3)\text{OCO}_2\text{Et}$$

（式5-8）

（3）维生素D原光化学合成维生素D_2和维生素D_3（式5-9）。目前仅少数公司使用该方法进行生产。

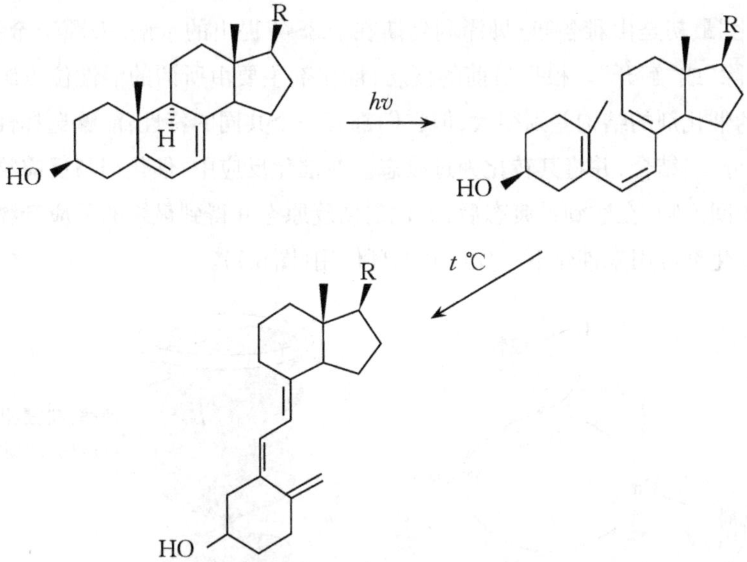

$$\xrightarrow{hv} \quad \xrightarrow{t\ ^\circ\text{C}}$$

（式5-9）

光化学反应对药物合成来说很重要，因为光也可以引起许多药物的降解（光解）。许多其他物质和材料，如木材、纸张、油漆、塑料等，暴露在光线下也会分解。

课后习题5

第六章

催化与绿色化学

为了解决副产物形成过多的问题,反应中通常需要使用催化剂。绿色化学也拥有催化反应的优势。

第一节　催化与催化剂的总体性能

催化剂是一种可以改变(提高)反应速率,而本身在反应过程中不被消耗的物质。"催化"最初是由雅各布·贝泽利乌斯在1835年提出的术语,来源于希腊语,原意是"废除"或"解开"。根据目前的概念,催化剂主要由所谓的活性位点组成。虽然不同的催化剂的结构差别很大,但它们都有一个共同的特性:能够选择性地与底物(特定分子)结合,并将其转化为过渡态。在催化反应中,催化剂与反应物相互作用形成中间产物,在达到过渡态后,催化剂恢复原态并得到最终的反应产物。恢复原态的催化剂可用来催化下一反应并循环使用(图6.1)。

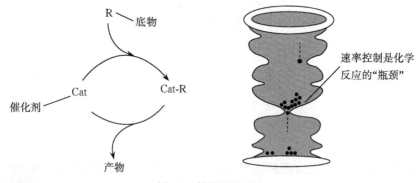

图6.1　催化循环过程

催化剂被认为是通过改变其"状态"来突破化学反应过程"瓶颈"的方法之一。在大多数情况下,催化剂使反应能更快地进行(图6.2)。

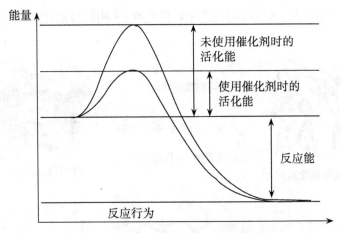

图6.2　催化剂存在与不存在时的反应行为

　　催化剂的使用常常有助于提高反应速率。例如,芳烃硝化反应仅使用硝酸,而不混合添加硫酸,这样可以降低生态风险。研究发现,某些类型的沸石用作催化剂可触发高速和高选择性的反应。沸石为天然或化学合成的黏土,通式为$M_{2/n} \cdot Al_2O_{3n} \cdot xSiO_2 \cdot yH_2O$(M表示碱金属或碱土金属;$n$表示氧化程度),具有很好的生态性。它们很容易被去除和再生,通常与水共沸去除。催化剂的使用有利于反应进行得更彻底,同时减少副产物的生成。例如,最近科学家们发现了合成伐力多(validol)活性物质的新方法。通常情况下,这种药物是在强酸条件下由异戊酸与薄荷醇通过酯化反应得到的,但是这样得到的产品含有大量的杂质。因此,合成化学家设计了一种在钯基复合催化剂上用一氧化碳和薄荷醇对异丁烯进行烷氧羰基化制备异戊酸薄荷酯的方法,采用该方法可以大大减少副产物的数量。

　　催化剂影响反应试剂消耗的另一个实例是由甲醇合成乙酸的反应(式6-1)。

$$CH_3OH + CO = CH_3COOH \tag{式6-1}$$

　　该催化剂的活性组分是一种含有铑的阴离子配合物($[Rh(CO)_2I_2]^-$),由铑与碘盐或碘负离子反应制得。在该催化剂的催化下,乙酸的收率超过99.9%,反应速率与酶催化相当或高于酶催化;而在没有铑催化剂的情况下,反应几乎不能发生。

　　催化剂可以分为以下四种类型:①均相催化剂(酸基过渡金属配合物);②多

相催化剂(表面负载,体积作用);③生物催化剂;④相转移催化剂(图6.3)。

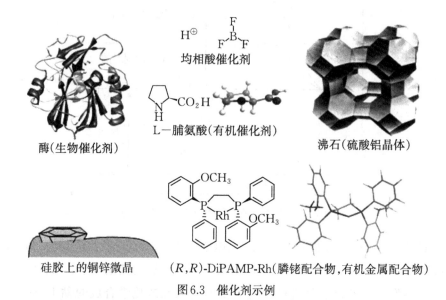

图6.3　催化剂示例

新一代催化剂以纳米技术为基础,采用低温化学、等离子化学和缩合技术在超临界溶剂等条件下进行反应。

以下是催化反应的基本特征。

(1)活性:催化剂活性只衡量催化剂存在下反应进行的快慢程度。反应速率、速率常数和活化能是计算活性的参数。

(2)转换数:催化剂失活前在反应中心通过催化循环发生的反应次数,或由活性中心转化为最终产物B的反应物A的分子数。转换数在 $10^6 \sim 10^7$ 之间才有工业应用价值。

(3)转化频率:单位时间在反应中心发生的分子反应数量(如A转换到B)或循环数。

(4)化学选择性:在其他官能团存在下,催化剂对某官能团的选择性反应。这意味着,当反应物在一定条件下可按几个方向进行反应时,只对其中一个化学反应方向起加速作用(图6.4)。

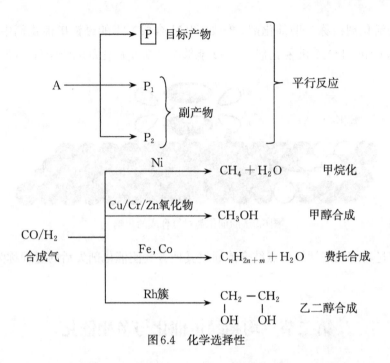

图 6.4　化学选择性

（5）区域选择性：指在一定的反应条件下，优先选择与分子内不同位置的某一相同功能基团起化学反应的性质（如式 6-2）。

$$H_3C\diagup\diagdown + CO + H_2 \xrightarrow{\ Co_2(CO)_8\ } H_3C\diagup\diagdown\diagup CHO \; + \; \substack{H_3C \\ \diagdown \\ CHO \diagup CH_3}$$

（式 6-2）

（6）立体选择性：立体异构体的选择性合成（如式 6-3）。

$$\substack{CH_3O} \diagdown C{=}N \diagdown + H_2 \xrightarrow{\ Ir\ 复合物\ } \cdots$$

（R）-对映体　　　　（S）-对映体

（式 6-3）

（7）稳定性和寿命：复杂的参数决定了催化剂的使用寿命和持久性。

在加工过程中添加活化剂，可以改变催化剂的性能。加入活化剂可以提高催化剂的稳定性、选择性、活性和可操作性等性能。能够提高特定反应的催化剂活性的活化剂被称为助催化剂。例如,由 N_2 合成 NH_3 的磁铁矿催化剂中,会加入 K/K_2O 和 Al_2O_3 等助催化剂。 Al_2O_3 能够有效防止催化剂的烧结(图6.5)。

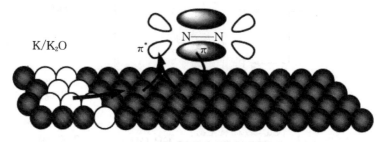

图6.5　助催化剂对氨合成的影响

通过与催化剂活性位点结合或通过其他方式使催化剂失活的过程称为催化剂中毒。

第二节　均相绿色催化与多相催化

表6.1比较了均相和非均相催化剂的特性。

表6.1　均相和非均相催化剂的特性

特　性	非均相催化剂	均相催化剂
相	通常为明显的固相	与反应介质同相
分离	易于分离	通常分离困难
再生	易于回收利用	价格昂贵/回收利用困难
速率	通常不如均相催化剂	通常较高
速率限制步骤	扩散	化学反应
对毒性物质的敏感性	非常敏感	不敏感
选择性	较低	高
寿命	较长	较短
反应条件	通常需要较高能量才能发生	通常在温和条件下进行
作用机制	较难理解	很好理解
占工业应用的百分比	>90%	<10%
修饰能力	较难修饰	易于修饰

尽管表格中非均相催化剂有一些缺陷,但是它还是在工业生产中得到了广泛的应用。非均相催化机制如图6.6所示。

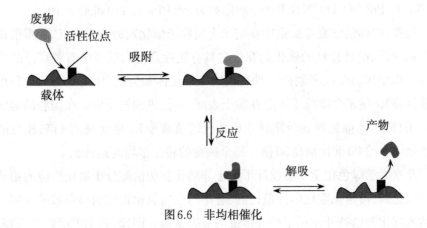

图6.6　非均相催化

以下为绿色均相反应的例子。

(1)瓦克尔法(这种方法每年可生产$4×10^6$t的乙醛)(式6-4)

$$H_2C=CH_2 \xrightarrow[\substack{PdCl_2(催化剂) \\ CuCl_2(催化剂)}]{O_2/H_2O/HCl} H_3C-\overset{\displaystyle O}{\underset{\displaystyle H}{C}} \quad (式6-4)$$

反应机制可以用以下反应(式6-5至式6-7)表示:

$$Pd^{2+} + H_2O + CH_2=CH_2 \rightarrow Pd^0 + 2H^+ + CH_3CH=O \quad (式6-5)$$

$$Pd^0 + 2Cu^{2+} \rightarrow Pd^{2+} + 2Cu^+ \quad (式6-6)$$

$$2Cu^+ + 2H^+ + 1/2O_2 \rightarrow 2Cu^{2+} + H_2O \quad (式6-7)$$

(2)Pd^{2+}-红菲咯啉(左旋)作为催化剂催化酮合成(式6-8)

$$\underset{R^2}{\overset{R^1}{\diagdown}}\underset{OH}{\overset{H}{\diagup}} + 1/2O_2 \xrightarrow[H_2O]{Pd(OAc)_2} \underset{R^2}{\overset{R^1}{\diagdown}}{=}O + H_2O \quad (式6-8)$$

(3)赫克反应(式6-9)

$$\boxed{H}\diagdown_R + R'X \xrightarrow[B]{L_2Pd^{II}X_2} {}^{R'}\diagup\diagdown_R + B H^+ \ X^-$$

$$(式6-9)$$

式中 R'＝芳基、杂环芳基、乙烯基、苄基。R＝Br、I、OTf、Cl 等。B（碱）为胺、醋酸钠、碳酸钾、碳酸氢钾、醋酸钾等。Pd（Ⅱ）催化剂为 Pd(OAc)$_2$、PdCl$_2$PR$_3$、PdCl$_2$(CH$_3$CN)$_2$；Pd(0)催化剂为 Pd(PPh$_3$)$_4$、Pd(dba)$_2$＋PR$_3$。

近期,中国的研究主要集中在纳米金属粒子催化剂的开发上,该类型催化剂作为高活性、高选择性的催化剂在许多具有实际意义的反应中有着广泛的应用前景。以中国科学院研制的一种高效纳米催化体系为例,该纳米催化剂利用离子液体将 Rh 纳米金属粒子固定在黏土表面,可促进加氢反应。在温和的温度和压力条件下,新催化剂的转换频率比传统的负载型 Rh 催化剂高3倍,比分散在离子液体中的 Pd 催化剂高30倍。每个底物的转化率均高达99％。

北京大学绿色化学中心设计了用于非活化脂肪伯醇分子氧化反应的铂纳米粒子催化剂,可避免需化学计量比的、有毒的金属氧化物试剂和强碱的使用。这些纳米催化剂已被开发用于替代传统的有害试剂。同理,利用可溶性 Cu 纳米团簇催化剂促进甲醇的羰基化以合成甲酸甲酯(式6-10),可避免苛性醇盐的使用。该催化剂具有高活性与100％选择性,并具有良好的原子经济性和能量效率。

$$CH_3OH \xrightarrow[\substack{Cu纳米团簇 \\ 100℃}]{CO(1.0\,MPa)} HCOOCH_3$$

（式6-10）

中国科学院兰州化学物理研究所绿色化学与催化中心开发了 Au/Fe 纳米团簇催化剂,可用一氧化碳选择性地将芳香族硝基化合物还原为相应的胺。新体系的催化效率更高,无须使用有毒金属羰基化合物或强腐蚀性的物质,并可在较低温度和压力条件下进行反应。纳米催化剂也可用于促进生物质的利用和化学转化。柠檬烯为果汁行业的废物,但使用可溶性钯纳米粒子作为催化剂,可将其转换为一种更有价值的芳香族化合物——对异丙基甲苯(式6-11)。

$$\xrightarrow[\substack{Pd纳米团簇 \\ 180℃ \\ H_2O}]{H_2(0.2MPa)} \quad + \quad H_2$$

（式6-11）

脱氢羰基化反应是在有水存在的双相条件下进行的,因此很容易分离产物,可回收和再利用完全保留在水层中的催化剂。

廉价的铁纳米团簇在温和条件下可促进乙二醇与合成气直接反应生成2-烷氧基二氧戊环(式6-12)。该物质可作为燃料的替代添加剂。

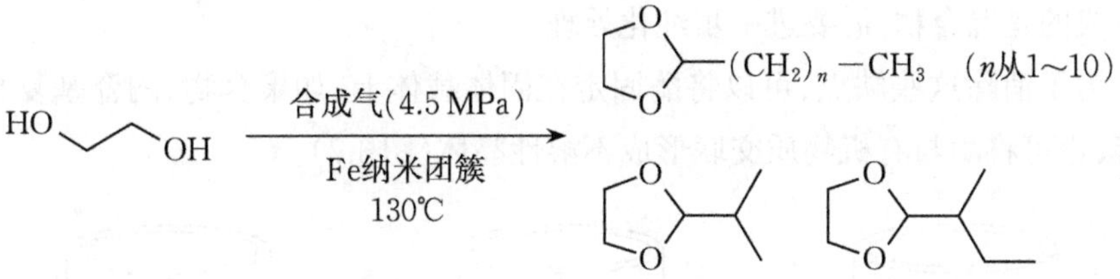

$$HO-CH_2CH_2-OH \xrightarrow[\substack{Fe纳米团簇 \\ 130℃}]{合成气(4.5\,MPa)} 环-O_2C(CH_2)_n-CH_3 \quad (n从1\sim10)$$

（式6-12）

铁催化剂可以很容易地用磁铁进行回收和再利用。

第三节　生物催化

作为蛋白质,酶(酵素)可作为生物催化剂使用,在参与催化反应时,催化性能与化学催化剂相当。酶的分类和功能见表6.2。

表6.2　酶的分类

酶类型	功能
氧化还原酶	氧化还原反应
转移酶	将官能团从一个底物转移至另一个底物
水解酶	各种键的水解
裂解酶	基团的加成或消除,双键的官能团加成或形成双键
异构酶	异构化(改变底物的结构)
连接酶	通过新键的生成连接两个分子

化学家关注生物催化剂主要是因为其具有独特的性质。与化学催化剂不同,生物催化剂可以使得反应在更温和的条件下(环境温度、操作压力)发挥作用并且展现出极高的选择性。此外,生物催化剂以水为溶剂,要求高转速(高达$10^2\sim10^4$ r/min)、高化学选择性、高区域选择性和高立体选择性。它的特点是副产物收率低以及环境因子低。具有生物相容性和可生物降解的试剂通常用于催化这类反应。

生物催化有四个主要缺点:①对温度、pH、有机溶剂等的耐受性低;②酶的成本高;③酶的回收较为困难;④由于催化过程涉及细胞培养而非使用纯酶,反应生成的是混合物,需要进一步纯化处理。

为了消除这些缺点,可以将酶固定在固体载体上,如聚合物、陶瓷基复合材料等,也可将酶与有机物质交联形成不溶性晶体(图6.7)。

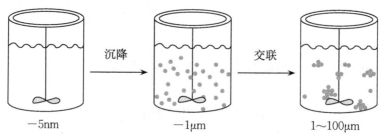

图6.7　酶与有机物质交联

真菌和细菌等主要微生物具有多种多样的结构和特性,常被用于生物催化。其中一些微生物可以承受高达90~100℃的温度,在高压力条件下,甚至可在高达250℃下生存。它们耐受酸性和高盐浓度(耐盐性),而且能迅速繁殖(有些每8~10分钟分裂一次)。微生物通常可用于高分子合成。例如,某些类型的细菌可以合成并以颗粒聚酯的形式积累,然后可通过破坏细胞来进行回收。这些物质通常被称为聚羟基脂肪酸酯(Polyhydroxyalknoate,PHA),也称为细菌或微生物聚酯(图6.8)。聚羟基脂肪酸酯具有抗氧化性、光学活性和生物相容性,进入土壤后分解成二氧化碳和水,为21世纪具有应用前景的材料之一。

$$\left[O - \underset{\underset{\displaystyle R}{|}}{CH} - CH_2 - \overset{\overset{\displaystyle O}{\|}}{C} \right]_n$$

图6.8　聚羟基脂肪酸酯的组成重复单元

聚羟基丁酸酯(Polyhydroxybutyrate,PHB)是最简单和最常见的聚羟基脂肪酸酯。它的性能与聚乙烯相似,但裂纹敏感性更高,且由于抗紫外线能力较低,因此可进行生物降解。

英国帝国化学工业有限公司生产了生物溶胶。它是一种通过细菌作用产生的生物塑料,其潜在的应用包括瓶子、塑料薄膜、膜和纤维、可生物降解黏合剂、油漆、涂料及药物载体。

聚羟基丁酸酯的微生物生物合成是以添加醋酸钠到固氮菌7B培养基中为附加碳源开始的。如果固氮菌7B培养物生长在含有初始碳源并以戊酸或丙酸为附加碳源的培养基中,则可获得共聚物——聚(3-羟基丁酸酯-co-3-羟基缬草酸)[Poly(3-hydroxybutyrate-co-3-hydroxyvalerate),PHBV]。PHBV可通过添加溶剂从溶液中回收,并通过过滤将其与细胞碎片分离。

聚羟基脂肪酸酯还可用于纸张层压、种子和肥料封装、微波无线电发射器、用于硬组织修复的胶原-羟基磷灰石复合材料的生产等。

除了高分子,细菌也能合成单体,如乳酸、丙烯酸和1,3-丙二醇。例如,目前,美国在以基因工程和分子生物学为基础的生物技术市场上占据主导地位,其拥有强大的乳酸生产工厂,在微生物的作用下,利用葡萄糖生产乳酸。乳酸可反过来用于合成聚乳酸。聚乳酸由乳酸聚合而成,乳酸则可通过化学合成或由葡萄糖、蔗糖、麦芽糖、麦芽汁和土豆发酵而成。美国嘉吉公司利用玉米葡萄糖发酵生产聚乳酸,为每年6000t以上的大规模生产奠定了技术基础。

聚乳酸是一种透明、无色热塑性聚合物,能够在2～3周内分解成天然物质,目前主要应用于制造英戈纤维、薄膜、食品真空包装材料等方面。值得注意的是,尽管聚乳酸具有明显的优势,但其成本较高,因此,科学家们正在设计高性价比的新技术。日本三井化学公司已经在某种程度上成功地实施了新技术,因为其团队成员发现了一步制造聚乳酸的新方法,能使生产成本从每千克250美元降至4.95美元。

中国杰能科生物工程有限公司化学家团队与美国陶氏化学公司研究人员合作创造了一种利用葡萄糖生长并能合成1,3-丙二醇的转基因菌株。美国已经建立了新的基于菌株的生产工厂。1,3-丙二醇与对苯二甲酸共聚,所得聚合物可用于地毯和汽车座椅罩的制造。

利用微生物合成的腈水合酶可使丙烯腈在常压和室温条件下合成丙烯酰胺,与使用硫酸或雷尼铜的传统水解方法相比,收率更高($> 99.9\%$)(式6-13)。

$$\diagup\hspace{-0.3em}\diagdown CN \quad + \quad H_2O \quad \xrightarrow[20\,℃]{腈水合酶} \quad \diagup\hspace{-0.3em}\diagdown \overset{\displaystyle NH_2}{\underset{\displaystyle O}{\|}}$$

(式6-13)

这种丙烯酰胺的合成方法由日本日东化学公司于1985年提出,该方法只需要使用1g紫色红球菌细胞便能获得大量的产品。丙烯酰胺是形成聚丙烯酰胺的初始单体。聚丙烯酰胺及其共聚物被广泛用作水处理絮凝剂,油田化学品分散剂、吸附剂等。

2004年,一种在常温常压下通过发酵法培育紫杉树皮细胞的方法被发现并被授予美国总统绿色化学挑战奖。这种方法的意义在于紫杉树皮可用于抗肿瘤药物紫杉醇(图6.9)的生产中。1967年,紫杉醇首次从紫杉树皮中被成功提取。然而,为获得满足一个病人需要的药物,我们得从600岁树龄以上的紫衫树上取下大量的树皮。由于美国百时美施贵宝公司使用了独家方法生产紫杉醇,因此拯救了数千棵古树。

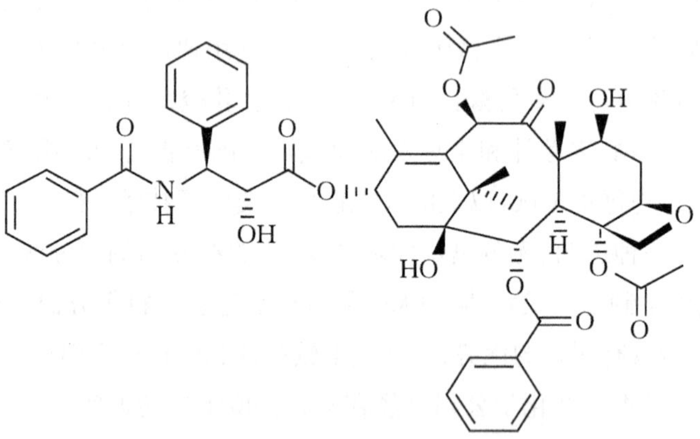

图6.9　紫杉醇结构

与美国一样,俄罗斯也有致力于从事细菌合成产品的制造公司和研究机构,例如位于莫斯科的巴赫生物化学研究所以及位于普希诺的生物化学和微生物生理学研究所。生物物理研究所的研究人员克拉斯诺亚尔斯克披露了一种使细菌利用氢气制造聚合物的新方法。该方法以氢还原细菌的合成机制为基础,通过处理氢气、氧气、二氧化碳等爆炸物来制备聚合物。另一种方法是在木质素水解物和褐煤衍生物底物上培育氢还原细菌,此方法得到了广泛的认可并获得了专利。在微生物工业上,采用新技术有许多先决条件,而且该技术目前还处于实验室研究阶段。寻找新的更有效的细菌目前被认为是主要的研究难题。目前,如果1m³的细菌产酶平均每天能够催化生产50~60kg的聚合物,表明该细菌具有强大的催化性能。

　　在白俄罗斯,国家科学院微生物研究所的科学家们利用高活性细菌菌株,开发了新的环保节能生物技术,用于医疗和兽医用品、食品和饲料添加剂、作物保护剂和生物制品的生产。

课后习题6

第七章

绿色溶剂

每一位合成化学家都有同样的愿望:希望化学反应能以足够的速度和最大的收率,朝着必要的方向进行。这一愿望可以通过选择合适的合成步骤、最佳反应温度、合适的催化剂配比、合适的所用反应物纯度以及合适的溶剂来实现。最后一个条件起到了运输作用(稀释涂料、清除污垢)或用于混合各组分。这些溶剂也用于传递或消除热量,控制反应物的反应能力等。然而,除了上述所需的条件以外,化学合成还必须对环境友好,这在今天至关重要。目前所用的溶剂,绝大多数是从原油中分离得到的挥发性有机物,它们的来源是不可再生的,且它们本身易燃、易爆且对环境有害。因此,在绿色化学中有几种替代方法,例如,采用无溶剂化学、使用碳酸二甲酯(Dimethylcarbonate,DMC)、在超临界条件下进行反应、使用离子液体、使用氟双相体系。每一种方法都有其优缺点,选择何种方法取决于具体的反应条件。

第一节　无溶剂化学

无溶剂化学早就广为人知,它为溶剂的替代问题提供了最简便的解决方法。已知的无溶剂条件下的反应有还原反应、氧化反应、成键反应(碳碳键、碳氮键、碳氧键、碳硫键、碳磷键、碳卤键、氮氮键)、重排反应和水解反应等。下面给出了一些此类反应的例子。

一、还原反应

$$R_1 \underset{\displaystyle \| }{\overset{\displaystyle O}{}} R_2 \xrightarrow{\quad NaBH_4 \quad} R_1 \underset{\displaystyle OH}{\overset{\displaystyle H}{|}} R_2 \qquad \text{(式7-1)}$$

式7-1中 R_1、R_2 为取代基,如苯基(Ph)。这种固相反应在以下条件下进行:酮

与 $NaBH_4$ 比值为 $1:10$，室温条件下适时进行搅拌和粉碎。约五天内即可形成目标产物(相应的醇)。

二、氧化反应

$$R_1-\overset{\overset{O}{\|}}{C}-R_2 \xrightarrow{\text{间氯过氧苯甲酸}} R_1-\overset{\overset{O}{\|}}{C}-O-R_2 \quad (\text{式}7-2)$$

式中 R_1、R_2 为取代基，如 R_1 为 Ph，R_2 为 $4-CH_3-C_6H_4$。反应在室温下进行，酮/间氯过氧苯甲酸的比值为 $1:2$，搅拌粉碎后，形成的过量过氧化物用浓度为 20% 的 $NaHSO_4$ 溶液去除。反应的产物为酯。

三、C—C键的形成

$$\xrightarrow{FeCl_3 \cdot 6H_2O} \quad (\text{式}7-3)$$

该固相反应的产物是 $1,1-$联萘。

四、C—N键的形成

$$\overset{R_1}{\underset{R_2}{>}}C=O \xrightarrow[CaO]{HONH_2 \cdot HCl} \overset{R_1}{\underset{R_2}{>}}C=NOH \quad (\text{式}7-4)$$

式中 R_1、R_2 为取代基，如 $(CH_2)_5$；$R_1=4-CH_3-C_6H_4$，$R_2=H$。
该反应是由酮或醛形成相应的肟。

五、重排反应

在无溶剂条件下，肟可通过贝克曼重排反应生成酰胺(式7-5)。

$$\overset{R}{\underset{R_1}{>}}C=NOH \xrightarrow[80\sim90℃]{FeCl_3} R-\overset{\overset{O}{\|}}{C}-\underset{H}{N}-R_1 \quad (\text{式}7-5)$$

式中 R、R_1 为取代基，如 $(CH_2)_5$。

六、水解反应

在微波（MW）条件下水解酯类是可能的，如式7-6。

$$R-\overset{\displaystyle O}{\overset{\|}{C}}-OR' \quad \xrightarrow[\text{MW}]{\text{KF}-\text{Al}_2\text{O}_3} \quad R-\overset{\displaystyle O}{\overset{\|}{C}}-OH \quad + \quad R'OH \quad （式7-6）$$

式中 $R=Ph, R'=CH_3$。

从商业角度考虑，在无溶剂条件下进行的反应是不适合且不经济的，且在固相反应中混合是很复杂的。即使反应在无溶剂的条件下进行，产品的纯化和分离阶段也仍需要使用溶剂。

第二节　绿色溶剂和两性试剂:碳酸二甲酯

卤代甲烷（$CH_3X, X=I, Br, Cl$），硫酸二甲酯（DMS）和光气（$COCl_2$）是甲基化和羧甲基化反应中不良试剂的典型代表。所有这些试剂都是有毒和有腐蚀性的化学物质。此外，这些化学物质反应需要碱作为催化剂，并生成需要后处理的DMC的结构式为:无机盐。

碳酸二甲酯对环境友好，可取代硫酸二甲酯和卤代甲烷。

$$CH_3-O-\overset{\displaystyle O}{\overset{\|}{C}}-O-CH_3$$

一、DMC的性质与合成

DMC属于碳酸酯，是一种无色易燃的液体，气味类似于甲醇，接触/吸入没有刺激性且不会产生诱变作用，使用安全，无须采取针对有毒和剧毒物质的特殊防范措施。此外，根据经济合作与发展组织（Organization for Economic Cooperation and Development, OECD）的测试结果，DMC可生物降解（在28天降解率>90%），含量为1g/L时对鱼类无影响;低毒，鼠摄入的半数致死剂量（LD_{50}）为13g/kg。

DMC的另外一个优点是合成过程简单。利用光气和甲醇反应（式7-7）生产DMC已有很长一段历史。

$$2CH_3OH + COCl_2 \longrightarrow CH_3OCOOCH_3 + 2HCl \qquad (式7-7)$$

在此合成反应中HCl是不需要的副产物。

自20世纪80年代中期以来,DMC不再利用光气生产,而是通过意大利埃尼集团开发的工艺将甲醇氧化羰基化(式7-8)。

$$2CH_3OH + 1/2O_2 + CO \xrightarrow{Cu盐} CH_3OCOOCH_3 + H_2O \qquad (式7-8)$$

这一无光气生产方法在1984年获得了专利。该方法最突出的优点是成本低、原料易得且毒性低、产量高、副产物(二氧化碳和水)无毒且易处理、产品质量高。甲醇氧化羰基化的缺点是由于水和DMC之间以及DMC和甲醇之间可形成共沸混合物,使得产品难以分离。为了获得高纯度DMC,可采用高压蒸馏或使用特殊的膜去除共沸混合物。

另一种生产工艺在中国已经应用于工业化生产,那就是环碳酸酯的裂解。这种合成不需使用任何含氯物质。该反应分两个阶段进行。第一阶段和第二阶段分别使用钙或镁氧化物和取代沸石作为催化剂。式中取代基R为H或CH_3。

$$(式7-9)$$

二、DMC 的应用

目前,DMC采用清洁工艺生产,具有无毒和可生物降解的特点,是真正的绿色试剂,可从源头上预防污染物的产生。DMC有着显著的环境友好的特点,它代替了具有强致癌性的甲基碘(甲基碘与苯酚的反应见式7-10),被用于苯酚的甲基化。

$$PhOH + CH_3I + NaOH \longrightarrow PhOCH_3 + NaI + H_2O \qquad (式7-10)$$

DMC与苯酚的反应被称为绿色甲基化反应(式7-11)。

$$PhOH + CH_3OCOOCH_3 \xrightarrow{碱性催化剂} PhOCH_3 + CO_2 + CH_3OH \qquad (式7-11)$$

以DMC为介质的甲基化是催化反应,为了避免形成不需要的无机盐等副产物,需要使用安全的固体(碱性碳酸盐)作为催化剂。实际上,作为离去基团,碳酸甲酯的分解产物只有甲醇和二氧化碳。甲基化反应的高选择性取决于DMC的双相亲电性,根据强弱酸碱理论,DMC在羰基(强亲电中心)可与强亲核试剂发生反应,而在甲基(弱亲电中心)可与弱亲核试剂发生反应。

DMC可用于硫醇的甲基化反应(式7-12)。

$$\text{RSH} + \text{DMC} \longrightarrow \text{RSCH}_3 + \text{CO}_2 + \text{CH}_3\text{OH} \qquad \text{(式7-12)}$$

DMC遇到不同的亲核试剂时,在反应中表现出特定的选择性,因而也可作为羧甲基化反应试剂。例如,DMC与胺反应生成氨基甲酸酯(式7-13),在工业领域中备受瞩目。这主要是由于该反应代表了非光气生产异氰酸酯的第一步。实际上,异氰酸酯可通过氨基甲酸酯加热分解制备(式7-14)。

$$\text{RNH}_2 + \text{DMC} \underset{}{\overset{\text{催化剂}}{\rightleftharpoons}} \text{RNHCOOCH}_3 + \text{CH}_3\text{OH} \qquad \text{(式7-13)}$$

$$\text{RNHCOOCH}_3 \overset{\Delta}{\longrightarrow} \text{RNCO} + \text{CH}_3\text{OH} \qquad \text{(式7-14)}$$

除了非光气生产异氰酸酯外,氨基甲酸酯也是工业生产中的重要产品,主要应用于制药和农作物保护领域。

20世纪20年代,德国药理学家、精神生物学家奥托·洛伊发现了氨基甲酸酯的生物活性。他确定了毒扁豆碱对机体产生影响的生物力学机制。毒扁豆碱是毒扁豆(图7.1)中自然产生的一种化学物质。1929年,科学家人工合成了毒扁豆碱的类似物。目前,已知的氨基甲酸酯衍生物有超过1000种。

图7.1　毒扁豆或卡拉巴豆

DMC也被用于醇类的羧甲基化(式7-15)。

$$\text{ROH} + \text{DMC} \underset{}{\overset{\text{PEG, K}_2\text{CO}_3}{\rightleftharpoons}} \text{ROCOOCH}_3 + \text{CH}_3\text{OH} \qquad \text{(式7-15)}$$

DMC已被推荐取代甲基叔丁基醚(MTBE)用于汽油或柴油燃料中。在美国,从1979年起,MTBE以低添加水平取代四乙基铅在汽油中使用。它不仅增加了辛烷值,还可以防止发动机震爆。MTBE是通过甲醇和异丁烯反应产生的。甲醇来源于天然气,而异丁烯是由原油或天然气中的丁烷衍生而来的,因此MTBE来源于化石燃料。由于其毒性和对地下水的污染,MTBE已逐步遭到淘汰。

由于含氧量高,DMC作为柴油的一种含氧添加剂一直备受关注。它具有提高整个汽油池的燃烧和燃油效率的潜力,同时能减少有害物质的排放。DMC模拟燃烧实验表明,DMC中大部分的氧直接转化为二氧化碳。这一特性使DMC在柴油发动机中具有降低烟尘的作用。DMC可用可再生原料制造,并且可以在不修改发动机或燃料分配系统的情况下使用。

第三节　超临界条件下的反应

在过去的150年,超临界流体作为传统溶剂的替代品,引起了化学家们的关注。20世纪80年代初,掀起了对超临界流体基础研究的热潮。目前,超临界流体已经应用于工业上(工厂的总生产能力达到年产10^5t),如从咖啡和茶中提取咖啡因(1974年的专利),从香草和香料中提取芳香物质,脱沥青等。过去,由于新溶剂过于昂贵,人们失去了对它们的研究兴趣,但现在情况改变了。最近的研究表明,超临界流体在化学反应中实现了传统方法难以达到的控制和转化水平。

被加热至临界温度之上并被压缩至临界压力之上的流体,被称为"超临界流体"(图7.2)。1822年,法国工程师、物理学家查尔斯·卡尼亚德·德·拉图尔在他著名的炮管实验中首次发现了物质的这种特殊状态。随后,爱尔兰化学家托马斯·安德鲁斯将其定义为超临界流体。

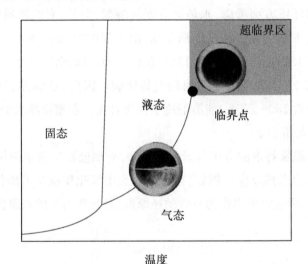

图7.2　纯组分相图

超临界相中的物质由自由分子和束缚分子(团簇)组成。在超临界相中,微粒(分子和团簇)之间的距离明显地大于其在液态时的距离,但又比在气态时的距离要小得多。在团簇中分子随机地排列,并且分子相互作用能不高。与此同时,单个分子进入团簇并以极快的速度离开团簇。简而言之,超临界流体同时具有气体和液体的特性。超临界流体具有类似气体的扩散能力,通常比液体要大1至2个数量级,因而具备特殊的传质性能。此外,接近于零的表面张力和类似于气体的低黏度,使超临界流体更容易渗透多微孔复合材料,从而提取出所需的化合物。超临界流体在密度、黏度、表面张力、扩散的协同作用下,依靠压力和温度,可拥有超常的提取能力。超临界流体能溶解非极性物质,包括固体、氢气和其他气体。它们对环境友好,且提取过程高效。常见的超临界流体物质在临界参数上差别较大(表7.1)。

表7.1 超临界流体常用物质的临界参数

物质	CO_2	C_2H_4	NH_3	C_2H_5OH	H_2O
温度/℃	31	9	132	243	374
压力/bar	73	50	111	64	218

注:$1bar=10^5Pa$。

从经济和环境方面考虑,水是最方便的溶剂,但是,有机物通常不溶于水。而在高温状态下水的黏度和极性都变低,由于氢键的减少,水变得更像有机溶剂。在高温下水更易离子化(由于H_3O^+和OH^-的增加,水的酸性增强,碱性也增强)。在300℃下,水表现出与丙酮相似的性能。因此,亚临界相中的水(压力15~100bar,温度150~250℃)能溶解疏水性化合物。在超临界水中,有机化合物和气体变得极易混合。

亚临界和超临界水的应用前景十分广阔,有些已在工业中应用。使用这种水的反应被称为水热反应。例如,在超临界水中氢化反应是可能的(式7-16)。在这种情况下,甲酸钠可以作为有效的还原剂,且其作为氢的来源比直接使用氢气更为安全。

$$\overset{}{\diagup}\!\!\diagdown\text{R} \xrightarrow[\text{水}(>300℃)]{\text{Pd/C, HCO}_2\text{Na}} \diagdown\!\!\diagup\text{R} \qquad (式7-16)$$

　　许多机构和行业也在考虑采用超临界水进行废物回收再利用。

　　然而,水的临界点比其他物质要高得多,因此,这些物质比超临界水更常用,如超临界氨可用于醇类的氨基化、烷烃和烯烃等的氨氧化等。在超临界乙醇中可将甘油三酯转化为生物柴油。乙醇的临界参数使甘油三酯能在相对温和的条件下快速反应。通常这一反应过程持续5~40min,并且需要过量的乙醇。使用超临界乙醇的反应是非催化的,有利于产物的分离。

　　超临界二氧化碳(scCO$_2$)是在化学反应中最常使用的"绿色"溶剂。90%的超临界技术以超临界二氧化碳作为流体。它有许多优点,如爆炸性和易燃风险小,可挥发,对O$_2$、N$_2$等轻气体溶解度高,惰性。超临界二氧化碳用于有机化合物(包括氢化和氧化反应中的金属配合物)的合成,含氟单体的自由基聚合反应,提取反应(包括从固体中提取有效成分)。

　　在超临界二氧化碳介质中的反应既环保又高效。例如,因为氢在有机溶剂中不易溶解,所以加氢往往比较困难,但当以超临界二氧化碳作为溶剂时,氢和底物就可处于同一相中。在此条件下,氢更易溶解,其浓度比在传统溶剂中高10~20倍。因此,加氢可使反应更快、更连续地进行,有时选择性更高。例如,在异佛尔酮加氢生成3-甲基环己烯的反应(式7-17)中只有特定的双键受到影响,减少了副产物的产生。这一反应由英国托马斯·斯旺有限公司开发并实现商业化。

(式7-17)

　　加氢反应是第一个在超临界条件下进行的合成反应。日本某研发公司开发了一种有效的催化加氢生产甲酸的方法(式7-18)。在这个反应中超临界二氧化碳作为反应试剂。

$$H_2 + CO_2 \xrightarrow{催化剂} HCOOH \qquad (式7-18)$$

由于超临界二氧化碳对氢的高溶解能力,罗氏制药公司在加氢反应中采用40L的动态超临界加氢反应器取代了10000L的静态反应器。

例如,超临界二氧化碳氧化环己烯生成己二酸(式7-19),主要反应中需要的RuO_4是由RuO_2在水相氧化形成的。

$$(式7-19)$$

由于超临界二氧化碳能够溶解含氟有机化合物,因此也适用于含氟聚合物生产工艺,如含氟单体的自由基聚合反应(式7-20)。

$$(式7-20)$$

在超临界二氧化碳中以丙烯生产聚酯-聚碳酸酯的反应也众所周知(式7-21)。

$$(式7-21)$$

超临界流体萃取代表着另一个主要的分析应用领域。例如,目前商业上就是使用超临界二氧化碳来提取绿色咖啡豆中咖啡因的。不同于有机"类似物"(由于氯仿和二氯甲烷具有毒性,不允许作为提取溶剂),超临界二氧化碳用于提取咖啡因,不影响谷物中含有的芳香成分,也不产生任何有害物质。此外,由于超临界二氧化碳具有较高的萃取能力,反应中咖啡豆不需要经过前期的研磨预处理。

目前,利用超临界二氧化碳进行分离和加工,在食品、精油等行业已经商业化。例如,去除啤酒中的啤酒花、坚果和薯片中的脂肪、烟草中的尼古丁等,以及在香水工业中提取各种芳香物质。在日本,超临界二氧化碳被广泛用作干洗剂。

最近,超临界二氧化碳在材料加工方面(包括从颗粒的形成到多孔材料的制造等)取得了重大进展。大连理工大学精细化工国家重点实验室的研究人员研究了超临界二氧化碳预处理对木质纤维素水解生成还原糖收率的影响。木质纤维素物质是一种可再生资源,由于其价格低廉、产量大,在生产经济型燃料乙醇方面具有巨大的潜力。它的来源包括农作物废物、林业残渣、庭院废物、木制品等。木质纤维素物质主要由纤维素(32%～47%)、半纤维素(19%～27%)和木质素(5%～24%)组成。前两种组分可以水解成还原糖,再发酵生成乙醇。但由于木质素外的防护层,以及纤维素外包裹着半纤维素,在没有经过预处理的情况下,由酶法直接水解木质纤维素获得的还原糖收率很低(小于理论最大值的20%)。以玉米芯、玉米秸秆和稻草三种农作物废物为主要原料,在不同温度、压力、时间、原料水分含量下经过超临界二氧化碳预处理,结果表明,超临界二氧化碳预处理对提高农作物废物水解生成还原糖的产量具有积极的影响。

白俄罗斯国家科学研究院生物活性化合物生化研究所致力于采用超临界二氧化碳从药用植物中萃取分离生物活性物的研究。莫斯科罗蒙诺索夫国立大学、俄罗斯科学研究院有机元素化合物研究所和其他研究实验室正在开展超临界二氧化碳的研究。

许多国家的研究者都在研究如何采用超临界流体萃取法萃取微量放射性元素和重金属,以处理和净化各种固体目标物(包括土壤),以及用超临界流体萃取核电站中已消耗了的核燃料中的锕系元素,并使其再生。例如,俄罗斯圣彼得堡镭研究所的研究人员建立了利用超临界流体从切尔诺贝利灾难后受污染的土壤中提取铀元素的基本方法。

中国自2011年开始研究超临界二氧化碳动力循环。目前,中国核动力研究设计院已成为该领域的佼佼者。

综上所述,很显然超临界流体已经引起了研究人员和工程师的科研兴趣,并将成为下一阶段发展和创新的推动力。

第四节　离子液体

化学工艺新溶剂的开发不限于超临界流体,离子液体的使用也是绿色化学的一个重要领域。20世纪80年代早期,在室温下,一种基于熔融盐的新液体被称为离子液体。在英国文献中,室温下熔化的盐被称为"室温离子液体"。室温的选择是相当有条件的,因为被称为离子液体的盐的熔点范围为−40℃(在某些情况下为−90℃到70℃)。离子液体是只含有离子的黏性液体(主要特征)。广义上讲,任何熔融盐都属于离子液体,且通常是有机的。

对于离子液体的首次研究在1914年开展,即熔点为13~14℃的乙胺硝酸盐的制备。浓硝酸与乙胺的反应是由俄罗斯化学家保罗·瓦尔登在《帝国科学院报》上报道的。1934年,离子液体又在格拉纳谢的专利中被提到,其获得了一种在100℃溶解纤维素的新方法,提出用N-甲基氯化吡啶熔融液溶解纤维素。

从1940年至1980年,人们合成了各种各样的离子液体。1951年,赫尔利和维尔发表了一篇关于溴化乙基吡啶和铝电沉积金属氯化物($AlCl_3$)熔化系统的研究文章。在20世纪60年代,人们进行了一项有关低熔点有机阳离子氯铝酸盐的研究,以进一步用于铝涂层的电化学沉积和作为潜艇电池的电解质。然而,直到20世纪90年代,还没有关于离子液体的系统研究。1990年以后,人们对离子液体的研究兴趣开始快速增长。

术语"离子液体"并没有任何结构上的限制,因此,此类化合物可以同时具有无机和有机性质。然而,无机盐的熔点太高,而且这些盐或其混合物在接近室温的温度下都不是液体(图7.3A)。大多数无机盐在600~1000℃范围内熔化,对有机化学和有机催化没有实际意义。在离子液体中存在单电荷的非对称大尺寸离子和"污损"电荷是有利的(图7.3B)。在这种情况下,空间位阻使离子液体的结晶复杂化,导致其熔点较低。

A   B

图7.3　氯化钠(熔点806℃,A)和1-丁基-3-甲基咪唑六氟磷酸盐(熔点100℃,B)

离子液体是由有机阳离子和无机阴离子组成的一大类化合物,或由无机阳离子和有机阴离子组成,也可以是完全有机的。手性离子液体,在合成手性药物和天然化合物类似物的关键阶段,首次被成功用作有机催化剂。理论上,离子液体不计其数,但实际上,它们的数量受到有机分子(阳离子)和无机、有机或金属络合阴离子的可用性的限制。根据各种估计,这种化合物中阳离子和阴离子可能的组合数量比已知的有机物质多10^8倍。目前,大约500种离子液体在文献中被描述过,其中最著名的是咪唑、吡啶、磷(图7.4)。

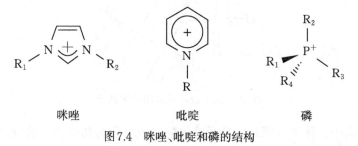

图7.4 咪唑、吡啶和磷的结构

利用阳离子的烃类取代基可获得离子液体的某个性质,如一定的熔点(图7.5)。

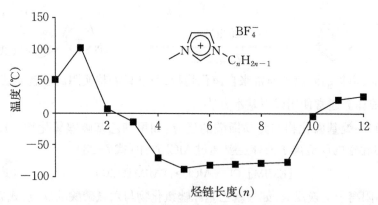

图7.5 离子液体熔点随烃链长度变化趋势

离子液体最常用的阴离子为$AlCl_4^-$水解阴离子与BF_4^-、疏水PF_6^-或双(三氟甲磺酰基)酰亚胺阴离子的混合物(图7.6)。

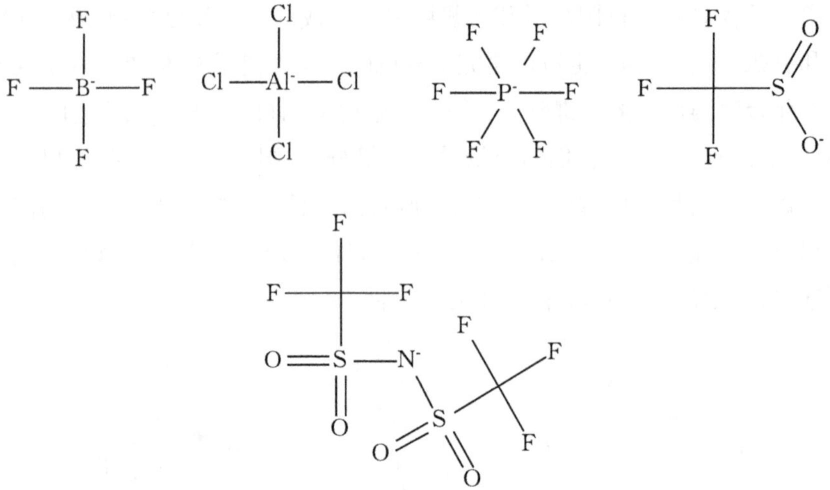

图7.6 离子液体最常用的阴离子

制备离子液体并不困难。离子液体的合成可分为两个主要阶段:阳离子形成和阴离子交换。

1-甲基咪唑相对便宜且容易合成,可用于获得阳离子,如1-烷基咪唑(式7-22)。

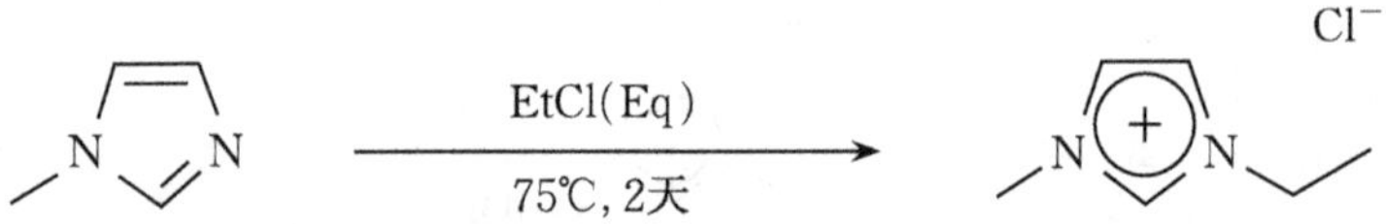

$$\text{（式7-22）}$$

然而,市售的阳离子通常来自卤化物盐,而且只需替换阴离子就能获得所需的离子液体。通常使用以下基本方法。

(1)N-烷基卤化物与路易斯酸的反应:如甲基乙基咪唑氯化物($[EMIM]^+$ Cl^-)与氯化铝的反应离子液体主要通过$AlCl_3$产生(式7-23)。

$$[EMIM]^+Cl^-+AlCl_3{\rightarrow}[EMIM]^+AlCl_4^- \qquad \text{（式7-23）}$$

(2)阴离子交换反应:如甲基乙基咪唑氯化物与六氟磷酸的反应(式7-24)。

$$[EMIM]^+Cl^-+HPF_6{\rightarrow}[EMIM]^+PF_6^-+HCl \qquad \text{（式7-24）}$$

离子液体可以工业化生产。然而,因为它们的成本很高,并不是所有的情况都适用。在工业上,大量有机溶剂通常用来清除卤素中的离子液体。当过渡到多频成时,这些缺点可被消除。德国溶剂创新公司生产了商品代码为ECOENG 212的离子液体1-乙基-3-甲基咪唑硫酸乙酯并申请了专利,该离子液体无毒,能够在环境中分解,不含卤素,生产时无须使用溶剂,唯一的副产物是乙醇,因此满足"绿色化学"的所有要求。

一、离子液体的性能

离子液体大多是无色的,有些呈现淡黄色,这是由于其存在少量的杂质。离子液体一个非常重要的特性,即它们能在非常广的温度范围内保持液体状态(−90℃~350℃),热稳定温度高达200℃,还有一些甚至高达400~450℃。相对而言,水和有机溶剂的这一范围一般不超过100℃。离子液体具有很强的溶解能力,不仅适用于无机物和有机物,也适用于聚合物材料。一般来说,大多数离子液体不可挥发、不易燃,导电效率高,可再生,因而可循环使用。一些离子液体具有酸性和超酸性,在催化过程中起着重要作用。还有一些离子液体具有碱性。如前所述,离子液体的性质易通过选择各种可用的离子进行调节。离子液体的缺点之一是黏度高,因而有时操作难度增加。

二、离子液体的应用

离子液体的独特性质为其应用开辟了广阔的前景。例如,离子液体可以用来测量温度,因为它们能比汞更快地响应温度变化,并且能够在非常宽的温度范围内工作。离子液体具有获得均匀结构和调节粒径的能力,因此可用于合成纳米粒子(图7.7)。

图7.7　基于$Y(OAc)_3$和1−丁基−3−甲基咪唑四氟硼酸盐的纳米材料YF_3

2003年,新型复合材料"离子液体−碳纳米管"出现。基于二烷基咪唑的离子液体与碳纳米管结合在一起,得到一种机械和热稳定的凝胶。由于离子液体和碳纳米管具有较高的导电性,因此具有协同增效作用。该混合材料显示出高导电率(电子在纳米管中,离子在离子液体中)。

离子液体可用于液体镜的生产。艾萨克·牛顿于1670年发明了第一台带有抛物面镜的反射望远镜。他提出利用液体的性质,在旋转时形成抛物面,从而形成一面镜子。事实上,这个想法是由罗伯特·伍德提出的。液体反射镜比传统的镜子便宜得多,它们的表面更加完美,可以通过调整旋转速度来改变焦距。为了获得反射镜,离子液体1-乙基-3-甲基咪唑硫酸酯的表面被涂上胶状银粒子,大小为几十纳米。在这之前,在离子液体表面涂一层铬,可得到在红外波段范围内反射良好的一面镜子。

5-羟甲基糠醛(HMF)(图7.8)为许多石油产品的通用替代品。传统上,它是用酸作为催化剂生产的。HMF不稳定,在酸性介质中,它可被分解为乙酰丙酸和甲酸。另一种HMF的生产方法是以溶解在离子液体1-烷基-3-甲基咪唑氯化物的氯化亚铬为催化剂,由葡萄糖获得HMF,产品收率为70%。在此情况下,乙酰丙酸的含量可以忽略不计。

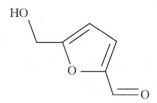

图7.8　5-羟甲基糠醛结构

在一种新型的电池中,离子液体可作为电解质使用。这将有助于解决以锌为电极的可充电电池电解质的蒸发和失活问题,同时允许蓄电池充电至更高的电压。

离子液体作为缓冲体系可用于控制化学反应中的pH。例如,以广泛用于制备离子液体的氢氧化咪唑为主要原料,研究其与邻苯二甲酸和酒石酸的反应,得到一种新型的离子液体,其可在非水介质中用作缓冲剂。在该离子液体中,酸性和碱性组分的比例为1:1。在没有水的情况下,它可以保持液相反应的pH。

离子液体可用于催化反应中。主要方法有两种:使用在离子液体中生成的催化剂,或离子液体作为该反应的特异性催化剂。一个实例是烷基芳烃的傅克酰基化反应。这是精细有机合成的一个非常重要的反应,但通常使用的固体催化剂(如沸石)不能完全发挥其性能:产生的极性产物阻塞酸性部位,形成副产物,导致催化剂失去活性。离子液体的使用为提升该反应性能创造了更多的机会。另一个例子是铑、铂、钴或钌催化的烯烃的氢甲酰化反应(式7-25),催化剂价格较为昂贵。这些金属的配合物溶解在以六氟磷酸根为阴离子的咪唑类离子液体中,在该反应中表现出较高的活性和选择性,且催化剂可重复使用。

(式7-25)

离子液体在高分子化学中应用于复合材料的生产,具有更好的物理和机械性能。离子液体塑化的聚合物与传统增塑剂邻苯二甲酸二辛酯塑化的聚合物性能相当,但离子液体塑化的聚合物热稳定性更强。

有些离子液体可用于昆虫幼虫激素类似物的合成、持久性多氯有机污染物的解毒、异戊二烯系列的伤口愈合制剂的制备等。在提取过程中,离子液体的其他优点之一是其组分可以作为疏水反离子。有研究报道,在离子液体中可用冠醚萃取碱金属和碱土金属。中国的研究人员研究了用离子液体和二硫腙萃取重金属。

离子液体中有机化合物的提取比金属离子的提取研究更为广泛。通过研究酚类、酮类等的提取,发现利用离子液体可以实现氨基酸的定量萃取,包括甘氨酸和其他亲水性氨基酸。采用基于离子液体的萃取体系,可成功地从微生发酵液中提取氨基酸。离子液体提取后可直接用于分析。这些溶剂独特的导电性使得在不添加电解质或进行二次萃取的情况下,就能直接在萃取物中对所提取的化合物进行电化学测定。许多与提取相关的研究工作都集中在技术应用上。因此,为了建立从生物质中分离醇类的新方法,研究人员对丁醇在水-离子液体体系中的分布进行了研究。

此外,离子液体在放射化学方面具有潜在的应用价值。因此,当处理钚、铀等裂变元素时,重要的是临界质量不是偶然达到的,否则可能会发生自发的裂变反应。1999年发生在日本东海村的核燃料生产设施事故证明了这种裂变反应的危险性。对于水溶液中的钚,当浓度低于8g/L时,自发反应的风险被消除,然而该浓度对技术应用来说过低。在以离子液体为溶剂的情况下,阈值浓度要高得多,这与离子液体相对密度较低于水有关。例如,对四氟硼酸甲酯,阈值为1000g/L。

世界各个科学实验室正在研究利用离子液体进行锕系元素的提取。俄罗斯圣彼得堡镭研究所进行了采用以磷和咪唑为主要组分的离子液体从3mol/L HNO₃中提取出U(Ⅵ)、Pu(Ⅳ)、Am(Ⅲ)的研究。结果表明,添加离子液体可使分配系数提高10^3倍,从而在实际应用中可显著降低所使用试剂的浓度。因此,离子液体在许多反应中都能取代传统的有机溶剂。

第五节　氟化溶剂

1993年,氟化烷烃首次被作为反应介质。一年后,对于烷烃、酯类或胺类而言,"氟化"一词成为"含水"一词的类似物。全氟甲基环己烷、全氟己烷等都是氟化溶剂(图7.9)。氟化溶剂通常由相应的碳氢化合物经电化学氟化或与氟化钴合成。

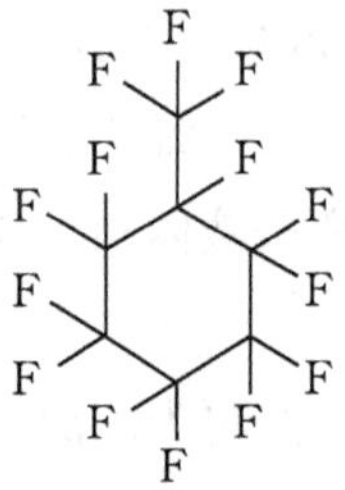

全氟甲基环己烷 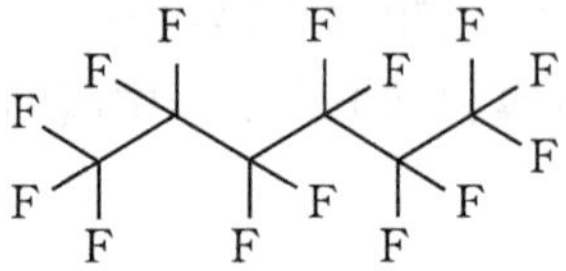　　　　　　　　　全氟己烷

图7.9　氟化溶剂

氟化溶剂的特点是密度较高(通常为1.7~1.9g/cm³)、极性低、在水和有机溶剂中的溶解度低、气体溶解度高。例如,含氟乳剂Oxygent™可用来促进氧气从血液到组织和器官的输送。此外,它们具有化学惰性、非爆炸性和低毒性,且不会破坏臭氧层。

由于氟化溶剂与有机溶剂的混溶性差,所以它们可用于两相反应,其中试剂或催化剂处于氟化溶剂相,并且在反应结束时很容易与有机相分离。在许多情况下,两相系统的加热形成反应的均匀混合物,然后,由于冷却系统,催化剂和反应产物被分离(图7.10)。这种方法特别适用于在反应过程中非极性化合物转化为极性化合物的情况。在这种情况下,形成的极性化合物越多,其在氟化溶剂中的溶解度就越低。

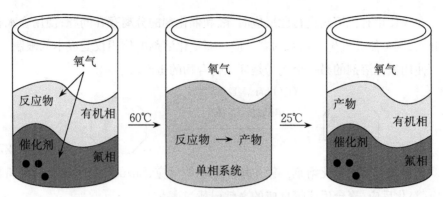

图7.10 使用氟化溶剂的反应

目前,有一个明确的方法来设计可溶于氟化溶剂的催化剂或试剂的分子结构。这样的分子应包括三个主要部分:负责在氟化溶剂中溶解度的氟化片段(氟域),保护反应基团不受全氟烷基的供电子效应影响的有机片段(有机域),负责分子反应的官能团(反应基因)(图7.11)。

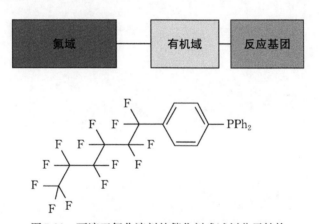

图7.11 可溶于氟化溶剂的催化剂或试剂分子结构

到目前为止,已知有相当多的反应是在氟化溶剂中进行的。例如,烯烃氢甲酰化反应(式7-26)。

$$C_8H_{18}CH=CH_2 + CO + H_2 \xrightarrow[CF_3C_6F_{11}/甲苯]{催化剂} C_8H_{18}CH_2CH_2C(O)H \quad (76)$$

$$+$$

$$C_8H_{18}(CH_3)CHC(O)H \quad (24)$$

(式7-26)

在仅使用有机溶剂进行此反应时,醛和催化剂的分离存在问题;使用含水有机介质,则可能会发生醛与水的副反应。而氟化溶剂的使用仅受成本的限制。

使用氟化溶剂的另一个例子是环氧化合物的生产(式7-27)。

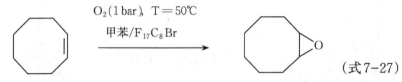

$$O_2(1\,bar),\ T = 50℃$$
甲苯/$F_{17}C_8Br$

(式7-27)

也有关于使用氟化溶剂的第尔斯—阿尔德反应、Suzuki偶联反应、赫克偶联反应、氧化反应、聚合反应等反应的文献记载。

在为特定工艺选择溶剂时,必须考虑以下因素:①溶剂对反应产物、反应机制、速率或平衡的影响;②反应物、反应产物(包括中间阶段)、溶剂中催化剂的稳定性;③溶剂处于液态时的适当温度范围,以达到最快的反应速率;④成本,在工业化生产的反应中是极其重要的。

课后习题7

第八章

绿色设计

目前,解决环境问题的策略有两种:①对生产过程产生的环境问题予以解决并防止污染的策略(即污染防治策略,P²);②在产品设计阶段,环境问题发生之前就解决的策略。第二种策略的优势非常明显。保持环境清洁的最好方法,是一开始就不污染它。这是绿色化学的终极目标。

第一节　绿色工程的十二条原则

绿色化学包括绿色反应和绿色技术。按照这个思路,世界各地的科学家研发了安全的生产方法。用这种方法不仅可以生产新产品,而且还可以生产众所周知的产品。然而,即使绿色合成技术得到发展,从实验室过渡到工业生产也需要一定的策略和专业知识。保罗·阿纳斯塔斯在2003年根据绿色化学原则制定了十二条绿色工程原则,具体如下。

(1)固有的而非随机的。设计师需要努力确保所有原材料和能源的输入和输出从本质上都是无害的。

(2)预防而非治理。与其在废物形成后对其进行处理或清理,不如防止废物的产生。

(3)分离设计。分离和净化操作的设计应尽量减少能耗和材料的使用。

(4)效率最大化。产品、工艺和系统的设计应最大限度地提高质量、能源、空间和时间效率。

(5)输出拉动与输入推动。产品、反应和系统应"输出拉动",而不是通过使用能源和材料"输入推动"。

(6)保存复杂性。对循环、回收利用或者有益的处置做设计选择时,熵的复杂性必须被视为一项投资。

(7)耐用而非永恒。设计目标应该是有针对性的耐用,而非永恒。

(8)满足需要,减少过剩。设计方案有不必要的容量或能力(如"一刀切"),应视为设计缺陷。

(9)尽量减少材料的多样性。多组分产品中,应该减少材料的多样性,以促进拆卸和价值保留。

(10)整合物质和能量流。产品、工艺和系统的设计必须集成与互联可获得能量和材料。

(11)商业"未来"设计。产品、反应和系统的设计应能在商业中发挥作用。

(12)可再生而非耗竭。输入的物质和能量应该是可再生的,而不是会耗竭的。

第二节　从绿色反应到绿色技术的转化: 反应器及放大问题

基于生态设计概念的绿色工程的十二条原则(环境设计)要求产品在其生命周期的所有阶段(生产、使用和清算)对环境产生的影响最小。开发绿色合成技术,人们必须了解,从实验室玻璃烧瓶反应过渡到工业反应器反应须遵循一定的规律。我们可以创建一个绿色的反应,但在实际应用中要"因地制宜"。首先,必须考虑所谓的"尺度效应",这种效应由不同尺寸反应器的传热传质差异造成。传热量(Q)、传递系数(U)、传热面积(A)以及反应物和恒温介质温差(ΔT)之间的关系式为:

$$Q = U \times A \times \Delta T$$

烧瓶 ⟶ 反应器

1L($\times 10^{-3} m^3$)　0.05 m^2　　　10m^3(50)　20m^2(2)*

从烧瓶到反应器的过渡中,反应物体积增加快于传热面积增加。例如,相对一个1L烧瓶的传热面积约为0.05m^2,体积为10m^3的标准反应器的传热面积仅为20m^2,即传热面积与体积的比率下降至4%。特别是在放热反应的情况下,改变温度会造成副反应的发生,因而降低收率和选择性。可见,随着进一步净化产品,废物的产量增加,能量消耗随之增加,从而增加了产品成本。

尺度效应并不只适用于绿色反应,它适用于从实验室到商业技术的任何化

---

*括号中2和50指的是表面积与容器体积的比。

学合成过程中。在规模化的过程中(从实验室过渡到工业生产),反应器的类型起着非常重要的作用。反应器的选择及其操作模式对整个反应的生态效益可以产生巨大影响。

化学反应可以分为两个主要类型:间歇式反应过程和连续式反应过程。大多数精细化学品和药物生产都是间歇式生产的,而多数大宗化学品都是连续式生产的。某些情况下工厂会使用半间歇反应器,包括在某些阶段把附加成分添加到间歇式反应过程中。多功能工厂倾向于连续式反应过程与间歇式反应过程同时进行,这些在精细化工行业中相对常见。

常规的间歇式反应器的主要部件包括搅拌器、挡板、加热/冷却夹套、热电偶或其他分析设备、进入冷凝器或蒸馏塔的通道、进料管线、排水阀和检查井(图8.1)。

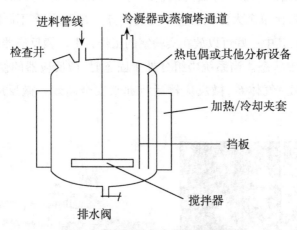

图8.1 常规间歇反应器的主要组成

反应器包括两种类型:间歇式反应器(平推流反应器)和连续流反应器(连续搅拌,反应物瞬间混合均匀)。在间歇式反应器中,产物浓度增加,起始反应物浓度降低;而在连续流反应器中,反应物和产物浓度不发生变化(图8.2)。间歇式反应器的特点是每个间歇反应器产物均匀,这对药品合成非常重要。连续流反应器的产物会随时间改变。因此,应该根据动力学、反应机制、散热、去除副产物的方法等知识选择反应器。

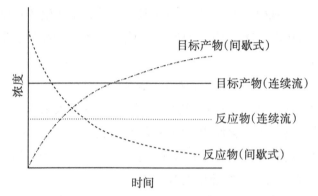

图8.2　间歇式反应器和连续流反应器中目标产物和反应物的变化

　　绿色化学的放大方法有别于传统的方法,因为更安全的方法不是增加反应器的体积,而是增加小型反应器的数量。例如,在传热速率方面,一连串的小体积全混流反应器比单个大体积反应器更具优势。如今,许多不同的微反应器已被开发(图8.3),其中一些可以放在实验室的工作台上。微反应器应用的局限性在于组分的聚集状态。当系统中组分处于固态时,微反应器的使用受限;而对液–液体系和液–气体系,微反应器运行起来安全高效。微反应器尺寸可见图8.4。

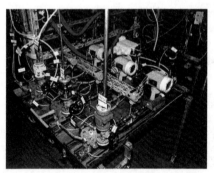

图8.3　微反应器

　　正确选择反应器的设计可最大限度地减少副产物的形成,优化能耗,降低产物成本和浪费。除了反应器设计的选择外,硬件设计过程也是实现"绿色"技术的一个重要环节,它将确保工艺的安全性。

图8.4 微反应器的尺寸

第三节 过程安全

安全评价的方法几经变革。在20世纪30年代,它可以描述为"这是谁的错呢?(行为)";在70年代,则关注"原因是什么?(人与机器过程的关系)";在80年代,演化为"风险评估(管理系统)";自90年代以来,安全评价进一步发展为"风险、绿色和安全的基本设计的标准化(综合)"。

迄今为止,还没有单一的方法对过程安全进行全面评估,通常使用一组指标评估过程的关键点。安全评估是对过程的系统研究,旨在识别事故的潜在原因、进行风险评估,并找到降低这种风险的措施。评估方法分为定性、半定量和定量方法。

例如,由简和拉曼在2005年提出的安全矩阵的定性评估,把行为的严重程度及其发生的概率作为两个主要考虑因素。冲击强度(严重程度)和概率(可能性)各分为L(低)、M(中)和H(高)三个等级(图8.5)。但这种分析尚不完整,仅适用于生产组织的初始阶段,此工艺仍需进一步进行安全设计。

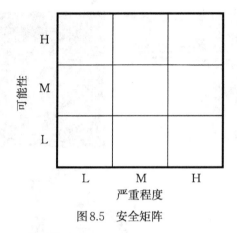

图8.5 安全矩阵

也有学者和企业提出了半定量的评价方法。例如：①火灾和爆炸指数法(陶氏)，用以估计一个事件的概率及其后果；②安全指数法(固有安全指数)，它不仅考虑化学过程及其硬件设计的安全因素，而且充分考虑到反应本质；③综合安全指数法，它考虑了产品的生命周期，同时考虑了该过程的经济效率、各个阶段的风险等。在这些方法的后续改进中，还进一步融入了对化学反应和化学性质相关潜在危害的考量。

定量方法使我们能够在数学模型的基础上对反应过程进行更深入的分析，但它们需要大量的原始数据和长期计算。我们考虑采用表8.1中所示方法，将安全指数分为两个二级指数，反应安全性(即化学安全指数)和过程中设备安全性(即过程安全指数)。

表8.1 安全指数

总的安全指数(I_{TL})				
化学安全指数	分数	过程安全指数		分数
化学反应次级指数		过程安全次级指数		
主反应热量(I_{MR})	0~4	设备清单(I_I)		0~5
副反应热量(I_{RS})	0~4	过程温度(I_T)		0~4
化学相互作用(I_{NT})	0~4	过程压力(I_P)		0~4
有害物质次级指数		过程设计次级指数		
不可燃性(I_{FL})	0~4	设备(I_{EQ})		0~4
爆炸(I_{EX})	0~4	ISBL		0~4

总的安全指数(I_{TL})			
毒性(I_{TOX})	0~6	OSBL	0~3
腐蚀活性(I_{COR})	0~2	过程结构(I_{ST})	0~5
最高分	28	最高分	25
所有指数最高分(ITI)		53	

从表8.1中可知,描述化学物质安全性的前两个次级指数与反应的特性有关,三个和化学物质的特性有关。过程安全指数评估设备的安全性,例如,ISBL(Inside Battery Limits Area)指数(界区内)和OSBL(Outside Battery Limits Area)指数(界区外)描述了反应物转化为最终产品的设备安全性,及企业其他设备安全性。次级指数I_{MR}是一个重要指数,它是由每克反应物的反应热量化计算得来的(表8.2)。

表8.2　次级指数 I_{MR}

反应热/质量	分数
热中性≤200J/g	0
平均放热量<600J/g	1
中等放热<1200J/g	2
强烈放热<3000J/g	3
特强放热≥3000J/g	4

同样的,所有次级指数确定后,把它们加起来可确定总指数的最大值。最后的方程为:

$$ITI = ICI + IPI$$
$$ICI = I_{RM,max} + I_{RS,max} + I_{INT,max} + I_{FL} + I_{EX} + I_{TOX,max} + I_{COR,max}$$
$$IPI = I_I + I_{T,max} + I_{P,max} + I_{EQ,max} + I_{ST,max}$$

研究人员目前提供了各种基于特定软件产品的化学过程安全评估方法,以评估实际过程,并为执行提供可替代设计,这与可持续发展的原则(可持续发展设计)相一致。图8.6对于实际工厂和模拟模型给出了必要的输入数据,包括采购成本(购买价格)、废物管理成本(废物处理价格)、销售成本(销售价格)、平衡质量(质量平衡)、能量(能量平衡)。

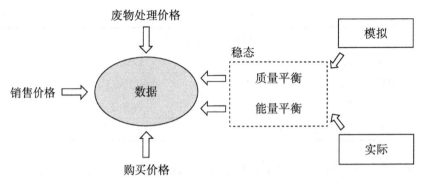

图8.6 过程安全评估方法

此外,还必须介绍该工艺的技术方案,如利用图论得到质量和能量图(图8.7)。下一步是各种工艺方案的计算和比较,如除热、后续使用热和化学品等。同时,尽管计算复杂,但还是有可能得到相当好的结果。例如,应用上述方法,提出异丁烯和甲醇合成甲基叔丁基醚的替代方案,其中,用于提取甲醇的水流量减少了20%。

图8.7 图论

第四节 本质上安全的设计

尽管已经存在化工厂安全预测的标准方法——危险和可操作性(Hazard and Operability,HAZOP),可对提议的工艺或工艺改进进行初步安全评估,但目前企业优先采用的策略是建立机械(特种设备)保护,并要求生产过程严格遵守安全指示。

　　据统计,60％的化学事故是由机械故障或操作失误造成的。本质上安全的设计(Inherently Safer Design,ISD)的设计概念(图8.8)基于下述问题:为了避免企业中的事故和事件的发生,通过改变流程设计来消除风险,这是否足够简单? 现今,许多化工企业都有一个确保工艺安全的设计,但问题是,设计是否能在实际操作中确保安全? 从本质上讲,工艺安全是其核心内容。ISD理论家特雷弗·克莱茨的话"没有什么是不能伤害你的"很好地反映了这一概念。

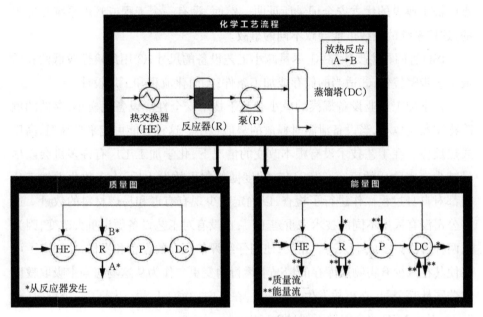

图8.8　ISD的设计概念

　　ISD的设计概念是从英国弗里克斯伯勒和印度博帕尔事故发生后产生的。后者是一个说明如何使用ISD策略来防止悲剧发生的典型例子。博帕尔的一家工厂生产杀虫剂"卡巴利"。"卡巴利"合成方案:甲胺和光气反应生成甲基异氰酸酯(Methyl Isocyanate,MIC);MIC与α-萘酚反应生成最终产品氨基甲酸酯。这些物质中最危险的是碳酰氯和MIC。水进入了存放MIC的大型容器,从而使压力上升,发生爆炸。有毒气体覆盖了附近的城市,导致大量人员死亡,20多万人受到严重影响。重要的是要理解,主要问题不在于水"是否""如何"和"为什么"进到了容器里,以及冷却系统为什么不工作,而是为什么工厂保存了大量的MIC。根据ISD的设计概念,我们应该进一步探讨:工艺中是否有必要使用碳酰氯？是否有必要使用MIC？我们需要保留MIC或碳酰氯吗？关于第一个问题，答案是肯定的；但与合成方案相关的后面两个问题，我们的回答却是否定的。

一般来说，有两种方法来设计化学过程的安全性——要么用工程和管理控制来处理危害，要么完全消除它们。即使无法消除工艺危害，也仍有可能充分减少其潜在影响，使其无法造成重大伤害或损害，尽可能消除或最小化工艺过程危害。工程和管理控制在化工工业中已有效地将风险降低到非常低的水平，这一点已被工业界的优秀安全记录所证明。然而，没有一个工程或管理系统是完美的，这些系统的失败可能导致不同的事故。

ISD有四种主要策略：①尽量减小工艺设备的尺寸；②用危险性较低的物质或工艺步骤替代；③适当的储存或加工条件；④简化流程和工厂设计。

化学加工工业设备规模的减小有利于技术安全性。设备规模小，存储的危险物质数量也小，当设备泄露时释放的势能也小。这种势能可能来自高温、高压或热反应。在工艺技术没有根本改变的情况下，化学加工工厂有许多机会以尽量减少有害物质的库存。1984年，印度博帕尔事故发生后，大多数化学加工公司都对自身过程操作进行了检查，以确定减少现有有毒和易燃材料的数量。这些公司没有采用不同的技术来重建工厂，也没有对工艺设备做出重大改变，因为这两种解决方案成本太高。相反，他们仔细评估现有的设备和操作，并确定了可以使其在减少有害物质库存的情况下运行的变更。作为从这场悲剧中吸取教训的美国杜邦公司，在事故发生6个月后，在其中一家工厂里，引入了一个反应(式8-1)，其中MIC的合成量不超过0.454kg。

博帕尔方案

$$COCl_2 + CH_3NH_2 \longrightarrow CH_3NCO$$

替代方案

（式8-1）

根据目前的方法，试剂MIC可以完全被淘汰；而碳酰氯在这两种情况下都是必要的。

最小化比使用微反应器和减少存储容量更有意义。设计危险材料管道时，应尽量减少库存系统中的库存。管道应该足够大，可以运输所需材料；但不能太大，应使通过的材料仅为气体，不得通过液体，让管道中的材料数量最小化。陶氏化学品爆炸指数是一种基于有毒暴露风险来衡量潜在固有安全性的工具。例如，通过管道将液态氯从储藏区输送到生产区，这是存在风险的。但可在生产区气化氯气，在储藏区安装汽化器，通过蒸发氯气并使其达到生产区，从而使管道中氯的含量减少90％以上。

1974年发生在英国弗利克斯伯勒的悲剧是一个大容量反应堆影响的例子。该事故造成了28人死亡，数人烧伤，工厂完全被毁。工艺反应过程中，以硼酸为催化剂，在空气中氧化环己烷，制备己内酰胺，中间过程中形成过氧化氢。因为反应非常缓慢，所以用了6个反应器。由于法兰与管道连接的失效，局部产生了高浓度的氧气。这场灾难产生的原因是管道的破裂，后果是副产物产量急剧上升。如果能实现气体和液体的有效混合，就可以避免这一悲剧。此外，还有这些解决问题的技术：将气体泵入反应器的底部、使用旋风分离器等。过程的转换（混合）可以降低工艺的风险。更安全的环己烷氧化工艺于2004年被提出，该工艺包括向气相添加水和使用纯氧进行氧化，从而提高产量并消除副反应。

科学家们预测，未来科技革命的显著特征是减少资源的使用。因此，纳米技术是绿色化学不可或缺的组成部分。纳米技术通常不需要大量的物质，技术的发展不依赖于自然资源（石油、天然气、金属）。资源依赖型国家，譬如中国、印度、日本和韩国等，率先使用绿色化学纳米技术在经济上就十分必要。

最小化和强化常常导致技术方案的简化，这反映在机械设备、连接节点、适配器等数量的减少上，即任何可能导致操作失误或机械故障的情况减少。我们必须避免带有多个法兰的长管道；更好的做法是使用溶剂作为介质来吸收热量，而不是使用一系列热交换管。

用良性材料取代有害物质是绿色化学的核心内容，也是ISD的一个关键特征。例如，在咖啡豆脱咖啡因萃取过程中用超临界二氧化碳取代氯仿；用二氧化碳取代用于合成异氰酸酯、尿素、碳酸盐及碳酸二甲酯的光气（图8.9）。

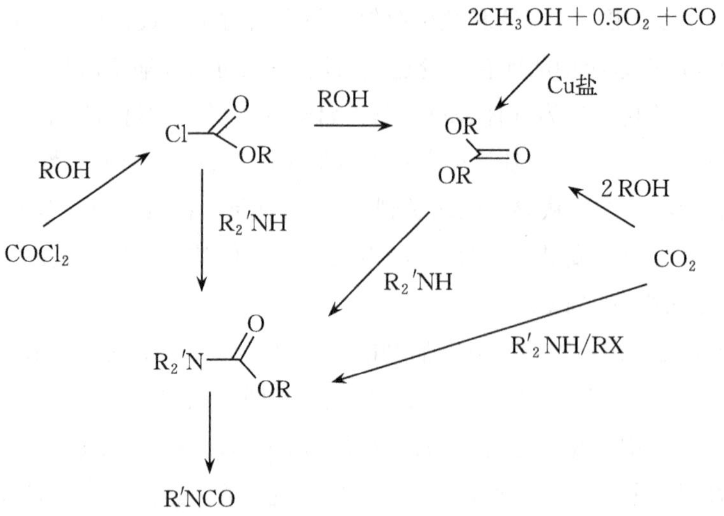

$$2CH_3OH + 0.5O_2 + CO$$

图8.9　用危险性较小物质替代危险性较大物质的例子

使用危险性较小的物质合成丙烯腈(式8-2和式8-3)。

$$CH \equiv CH + HCN \longrightarrow CH_2 = CHCN \qquad (式8-2)$$

$$CH_2 = CHCH_3 + NH_3 + 1.5O_2 \longrightarrow CH_2 = CHCN + 3H_2O \qquad (式8-3)$$

在许多情况下,当危险材料无法被替代时,应尽可能使用危险性较低的材料或在危险性较低的条件下使用。例如,不可预知的具有潜在危险的格氏反应可以用超声波来调节,避免突然的放热反应。氯经常被储存在加压容器中,但在低温下以气体状态储存则不那么危险。

设计过程的一个要点是将可用的能量限制在适当的水平。限制是通过设计使故障(设备或人员)或事件的影响最小化的过程。意大利塞维索事故中,工厂通过1,2,4,5-四氯苯的碱水解生产2,4,5-三氯苯酚(式8-4)。在一周结束时,在158℃的安全温度条件下,一部分完成的反应容器被关闭,使用能够达到300℃的涡轮机蒸汽对容器进行加热。由于蒸汽温度高,反应液上方的壁面温度更高,搅拌器却已被关闭,高温引起失控反应和爆炸,生成致癌物质2,3,7,8-四氯二苯并-二噁英(式8-5)。工厂周围的大片土地被二噁英污染,200人不得不接受药物治疗。

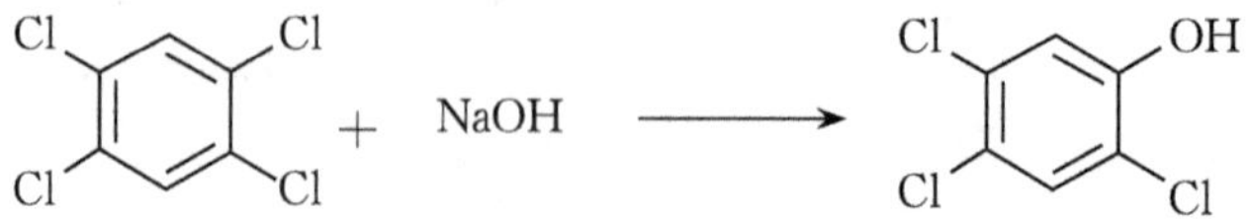

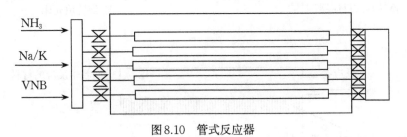

（式8-5）

反应器设计对事故的预防也有很大的影响。管式反应器或串联的小型管式反应器可以消除反应器过热现象（图8.10）。在液态氨中使用危险的钠/钾汞齐的乙烯基降冰片烯（VNB）生产过程，使用的是该反应器配置。

NH₃

Na/K

VNB

图8.10 管式反应器

第五节 绿色设计概念的过程强化

过程强化意味着使用更小的设备，包括新型的反应器、强混合设备、可提供单位体积比表面积的传热传质设计、执行一个或多个操作单元的设备，以及通过超声波、微波、激光束或简单电磁波等方式向处理设备输送能量的替代方法。这些技术可以提高物理和化学反应的速率，允许从少量原料中获得高产品收率。小而高效的工厂不仅便宜和划算，而且可以降低潜在事故的级别。安全不一定意味着要花钱，如果开发一个小型、高效、本质上更安全的反应过程，那么更安全的反应过程也会更便宜。

在绿色化学设计中有特殊的工艺强化设备黏性、非混液体或气体和液体的有效混合是常涉及的问题。如果该问题没有解决，就可能导致反应传质受限，并产生已知的后果。不同的混合器（如液−液有效混合的径向喷射混合器）和特殊设计的反应器都可用于过程强化（图8.11）。

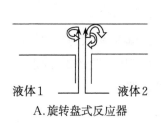

A.旋转盘式反应器

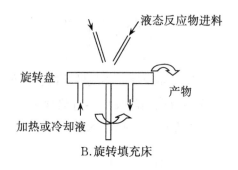

B.旋转填充床

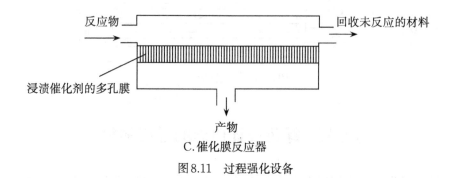

C.催化膜反应器

图8.11　过程强化设备

　　针对实际反应,旋转盘式反应器(图8.11A)可以有效替代搅拌式间歇反应器,它由一个转速不小于5000r/min的圆盘组成。反应液体被泵入到圆盘的中央,当液体向盘的边缘移动时,产生的流动模式导致强烈的混合反应,形成反应产物。旋转填充床(图8.11B)由包含填充物的旋转床组成,通常是金属网。这个反应器在气液混合方面特别有效,液体被送入反应器的中心,气体从侧面进入。虽然旋转填充床提供了良好的传质性能,但传热效果不如旋转盘式反应器。催化膜反应器(图8.11C)目前正在开发中,其反应和分离是在一个单一的过程中进行的,它提高了收率和选择性,并提高了总的反应速率。

　　膜处理不仅仅应用于反应器中,渗透蒸发的膜处理(透过膜的蒸发来分离液体)可以替代溶剂(乙醇、甲醇、乙酸乙酯、醋酸丁酯、丙酮等)共沸分离过程中的水蒸气蒸馏(图8.12)。

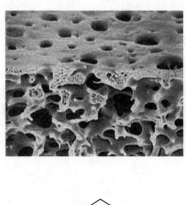 

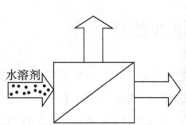 

图8.12　膜处理设备

课后习题8

第九章

可再生原材料与能源

第一节　再生能源

　　绿色化学的十二条原则意味着它需要有效地使用可再生的原材料,减少废物,避免在化学产品的生产和消费中使用有毒和(或)危险的试剂和溶剂。原则七规定了对原材料的要求:在经济上和技术上可行的情况下,生产该产品的原材料必须是可再生的,不可耗尽的。在该要求中,"原材料"的概念不仅包括原材料本身,而且包括在获得最终产物过程中的能源消耗,因为在这过程中会产生二氧化碳等废物,并产生后续问题。

　　预计到21世纪末,石油和天然气储量将枯竭,煤炭的情况也是一样,因此,转用可再生(植物的、天然的)原材料的战略具有重大的意义。至于石油,枯竭威胁着易开采石油的储量,如廉价石油。石油储备的未来发展将需要额外的资金,这将增加其成本。此外,俄罗斯科学家发现了地球上最年轻的石油,俄罗斯和瑞士的研究人员用放射性碳年代测定法对其进行测定,结果显示它的年龄大约是50岁。这种石油是在乌森火山的火山口中发现的,它是由嗜热菌在温泉表面通过厌氧反应合成的。在火山口,就像在自然反应器中一样,细菌实现了合成,其主要反应是二氧化碳、脂类的合成,最后是碳氢化合物的合成。

　　在几年前,可再生或不可再生的原料之间有一个非常明确的界限,但现在这界限已经开始逐渐消失。可再生能源包括:水(潮汐,波浪,河流)、从地下自然介质中提取的地热来源、土地、空气、生物质,其中包括为获得可再生能源而种植的植物(还包括树木、消费和生产产生的废物),以及在垃圾填埋场释放出的沼气。可再生能源的潜力巨大,不容忽视,例如,每日的日光可以转换成的电量是全球人口年耗电量的20倍。

第二节　生物质作为化学合成原料的来源

绿色化学建议使用生物质作为原材料和能源的可再生来源。生物量是观察时存在于生物群落中的植物和动物有机体的总质量。在百科全书中,生物量被定义为任何生物起源的非化石材料。地球总生物量约为$2.4×10^{12}$t。地球上每年形成约$1.7×10^{11}$t初级生物量,同时约有相同数量的初级生物量被破坏。

植物来源的生物质所积累的能量主要来源于太阳辐射。这种将太阳能转换为葡萄糖的复杂过程被称为光合作用。生物质的生物化学转化可以产生许多对化学工业非常重要的物质,但是从获得能量的角度来看,只有葡萄糖及其聚合物(淀粉和纤维素)以及木质素是有意义的。光合作用的效率不超过8%,而为了生产植物生物质,却必须付出很大的努力:培育、施肥以及最终产物的收集。因此,生物质能量生产周期的总效率估计不到1%。然而,尽管存在以上缺点,由于经济和环境原因,生物质的商业价值还是相当高的。其可以通过以下方式将生物质转化为能源:①干燥后焚烧(但该方法会产生大量的烟灰,限制了此方法的应用);②转化为液体或气体燃料,然后焚化(同时,原材料的能量储备被消耗掉,能源转换过程消耗能源)。

生物质转化可以通过以下方法进行:①热解($450\sim800℃$)和水热裂解($250\sim600℃$),生成煤、油、天然气和二氧化碳;②高温裂解($1500℃$),生成乙炔和煤炭;③气化(高达$1200℃$),生成一氧化碳、甲烷、氢气和二氧化碳;④发酵,生成乙醇和二氧化碳;⑤厌氧消化,生成甲烷和水。

热解和高温裂解:指生物质在没有氧气的情况下加热。在低温下热解,主要产物是煤炭。在高温裂解温度下,煤炭含量降低,但气体产物(一氧化碳、乙炔、氢气)的量增加。热解高温的能源效率相对较低——超过50%的生物质初始能量被损失掉。

水热裂解:在高温和约30个大气压的压力下用水对生物质进行热处理的过程。它是由荷兰皇家壳牌公司在生产低氧含量的油性材料,即所谓的生物原油过程中开发的。这个过程从成本上来看不具有经济效益,但在油价上涨时具有实用性。

气化:在空气或水蒸气存在的情况下进行的热分解,气体产物含有较高的氧元素和氢元素。该法可用于生产合成气(CO/H_2)。此外,所产生的气体可用于发电。

发酵:指用酶或细菌培养物来处理生物质的过程,该过程还包含低分子有机化合物的生成。

厌氧消化(甲烷生成):在没有空气的情况下用细菌处理生物质以形成富含甲烷的沼气(生物气)。1t干生物质能产生大约300m³的甲烷含量>50%的沼气。目前,用作燃料的沼气的生产在经济上是无利可图的。此类工厂的存在与废物的循环再利用的需求相关,例如处理来自畜牧场的污水。

下文将以生物乙醇、生物丁醇、生物柴油和生物氢为例进行说明。

一、生物乙醇

约93%的乙醇是由生物技术方法生产的(式9-1)。大约60%的乙醇用作燃料添加剂,25%用于化学工业,15%用于食品工业。巴西每年可生产约1.6×10^7L乙醇。一部分含水量较高的乙醇在特殊发动机中被用作燃料。含水量低的乙醇则与汽油混合,用于传统发动机,其最高添加量可达22%。在人类文明发展的现阶段,生物乙醇、生物丁醇和生物柴油均被认为是有前途的替代燃料,二甲醚、甲烷和氢气则不太被认可。然而,生物乙醇也存在着许多缺点。

$$纤维素 \xrightarrow{水解} 葡萄糖 \xrightarrow{酵母} 乙醇 \qquad (式9-1)$$

生物乙醇的缺点:①发酵产生大量含有机酸(氨基酸)和其他物质的副产物。并不是所有的碳水化合物都可以被酵母发酵,如木糖。解决方法是使用其他细菌进行发酵,如已经发现了能处理木糖的大肠杆菌菌株。②发酵过程只能形成浓度为7%~15%的酒精溶液,然后需要进行高能耗的蒸馏过程。③据测算,生产1t乙醇需额外消耗的能量比乙醇本身具有的能量多72%。

二、生物丁醇

生物丁醇可以通过细菌丙酮丁醇梭菌(*Clostridium acetobutylicum*)发酵糖来获得。丁醇比乙醇的能量高出25%,并且在工作循环中能比汽油多提供10%的能量。丁醇安全性高,其蒸发速度是乙醇的1/6,挥发性比汽油低(仅汽油的1/13.5)。丁醇没有腐蚀性,可以通过传统的输油管道输送。它不仅可以与汽油混合使用,甚至可以完全替代它,而不需要对发动机的设计进行巨大变动。

三、生物柴油

生物柴油是一种柴油燃料,全部或部分由从可再生(主要是植物)原料中提取的天然有机成分组成。主要成分是由脂肪酸与小分子醇(甲醇)形成的酯(式9-2)。生物柴油的组分可通过脂肪的酯交换反应获得。

$$R'OCO-\overset{\displaystyle -OCOR}{\underset{\displaystyle -OCOR''}{|}} + 3CH_3OH \xrightarrow{\text{催化剂}} HO-\overset{\displaystyle -OH}{\underset{\displaystyle -OH}{|}} + \begin{matrix} R-CO_2CH_3 \\ R'-CO_2CH_3 \\ R''-CO_2CH_3 \end{matrix}$$

(式9-2)

生物柴油的主要来源是植物油。表9.1中列出了植物油中脂肪酸的含量。

表9.1　植物油中脂肪酸的含量

脂肪酸	分子式	黄豆	向日葵	棕榈	油菜籽
棕榈酸	$C_{16}H_{32}O_2$	11%	7%	43%	3%
硬脂酸	$C_{18}H_{36}O_2$	4%	5%	5%	1%
油酸	$C_{18}H_{34}O_2$	23%	18%	41%	11%
亚油酸	$C_{18}H_{32}O_2$	54%	69%	10%	12%
亚麻酸	$C_{18}H_{30}O_2$	8%	0	0.2%	0.9%
芥酸	$C_{22}H_{42}O_2$	0	0	0	52%

生物柴油的优点:①燃烧过程清洁;②可以减少燃烧产生的烟雾;③可以减少SO_x的产生;④可以降低燃烧产物中碳氢化合物的含量;⑤可以降低CO的产量。

生物柴油的缺点:①在许多现代燃料系统和发动机中,无论是复合还是纯净的生物柴油都不能使用(保质期短和易氧化性);②容易被细菌分解;③对燃料系统聚合物、橡胶部件等的侵蚀性增加。

在欧洲国家,脂肪酸甲酯(FAME)最常用于表示柴油生物燃料。脂肪酸甲酯常用于复合燃料中,其含量为31%~36%,其余为石油柴油。目前,最常用的混合柴油生物燃料含有5%的FAME。其环境效益见表9.2。

表9.2　生物柴油的环境效益

	NO_x/(g/kWh)	二氧化碳/ (g/kWh)	碳氢化合物/ (g/kWh)	颗粒物质/ (g/kWh)
来自石油的柴油	8.70	1.00	0.80	0.23
生物柴油	3.90	—	—	0.10
欧3标准	5.00	2.00	0.60	0.10
欧4标准	3.50	1.50	0.46	0.02

　　1994年,白俄罗斯国立大学物理化学问题研究所成立了生物燃料生产技术研究课题组(图9.1),并于2003年开发了一项连续生产菜籽油脂肪酸甲酯的技术。处理方案:使用稻草在电厂生产固体燃料;使用油菜籽生产菜籽油;菜籽油提取后留下的油饼被用于生产固体燃料(发电厂用),或者作为动物饲料的组分;油被加工成内燃机的液体燃料。根据研究所开发的技术,白俄罗斯格罗德诺氮肥公司建立了年产5000t生物柴油的工厂。

图9.1　白俄罗斯国立大学生物燃料的生产技术研究课题组

四、生物氢

　　生物氢也被认为是来源于植物的燃料产品。其主要来源有:①绿藻和蓝绿藻(蓝细菌)对水的生物光解;②光合细菌对有机化合物的光降解;③在没有光照的情况下发酵有机物质如梭属细菌的发酵;④使用光合有机体和产氢细菌的混合系统。

第三节　生物质转化的基本化学产品

随着汽车保有量迅速增长,寻找新的、更环保的汽车燃料迫在眉睫。这不仅取决于对石油储量可耗竭性的预测,而且取决于经济危机,以及汽车燃料的总消耗量约为每年1.8×10^9t的现况,其中包括天然气汽车汽油——每年超过8×10^8t。当燃烧如此大量的汽车燃料——数百万吨碳氧化物、甲醇、多环致癌碳氢化合物时,各种类型的碳都会被释放到城市的大气中。因此,我们考虑了从生物质获取生物燃料的过程。

生物质也可以用来生产化学品,这个方向被称为"无油化学"。如今,化学工业消耗了全世界石油总产量的$10\% \sim 15\%$。因此,在很多国家,化工原料向植物原料的转变是可以预见的。例如,美国计划到2025年将整个化工行业25%的原料转移到蔬菜原料上。

在以下领域向植物原料过渡是可能的。

(1)通过超临界流体从生物质中提取有机组分(油、脂肪、蜡、萜烯等都可以通过该方法获得)。

(2)从生物质中分离的天然聚合物(淀粉、纤维素、木质素、几丁质)的使用。

(3)通过发酵从生物质中获得各种有机物质,即所谓的"生物平台分子"。

(4)从可再生原料获得的主要化学产品,包括润滑剂、纤维及复合材料、溶剂、聚合物、表面活性剂、吸附剂、染料、农药和药物成分等。

生产这些物质和产品的原料都来自于植物中积累的碳水化合物。植物通过绿色部分的叶绿素,在光照条件下利用二氧化碳和水分合成蔗糖($C_{12}H_{22}O_{11}$),再经过复杂的生化转化,形成一年生和多年生植物中可以发现的各种有机化合物。甘蔗和甜菜都能大量积累蔗糖,它们都可用于获得游离状态的蔗糖。在许多其他植物(谷物、马铃薯等)中,蔗糖转化为储备性多糖——淀粉,这是人类和许多动物营养的主要来源。

植物合成的蔗糖中相当大的一部分(按重量计超过60%)被用于构建构成一年生和多年生植物木材、树皮、叶和根等组织的细胞壁。在这种情况下,蔗糖转化为线性高分子多糖,主要是纤维素、半纤维素及木质素,其中的大部分集中在多年生森林植物中,如此巨大的多糖储备为乙醇和许多其他物质的潜在来源。

但是,在使用之前植物细胞壁的多糖必须先通过水解作用转化为相应的单糖。这种反应的一个例子就是纤维素转化为葡萄糖(式9-3)。

$$(C_6H_{10}O_5)n + (n-1)H_2O \rightarrow nC_6H_{12}O_6 \qquad (式9-3)$$

植物水解后的水解产物水溶液纯化后可用作各种微生物的培养基。有些微生物产生酶,可以将葡萄糖转化成乙醇和二氧化碳。乙醇的产量取决于原料的性质,这可以通过下面的例子来说明:从1t土豆中可获得80～100L纯乙醇,从1t谷物(黑麦、小麦、大米、玉米)中可获得270～450L纯乙醇,从1t干木屑中可获得150～200L纯乙醇。

由碳水化合物衍生的低分子量产品如式9-4至式9-8所示。

从葡萄糖生产乳酸:

$$\text{葡萄糖} \xrightarrow{\text{乳酸菌}} \text{L-(S)-(+)乳酸} \qquad (式9-4)$$

从葡萄糖中获得二醇:

$$10\ \text{葡萄糖} \xrightarrow[\text{发酵(重组 E. coli)}]{4O_2} 14\ \text{1,3-丙二醇} + 18\,CO_2 \qquad (式9-5)$$

从葡萄糖中获得甲基四氢呋喃(THF):

$$\text{纤维素} \xrightarrow{H^+,\ 200℃} \text{乙酰丙酸} \xrightarrow[\substack{2.H_2,\ Ni/Co \\ 50\sim200bar}]{1.\ 150\sim175℃} \text{2-甲基-THF} \qquad (式9-6)$$

$$\text{HCOOH}$$

从葡萄糖中获得抗坏血酸：

$$葡萄糖 \xrightarrow{6个步骤} 抗坏血酸 \qquad (式9\text{-}7)$$

从玉米芯中包含的戊聚糖获得各种产品：

$$戊聚糖 \xrightarrow{H_2SO_4} 糠醛 \longrightarrow 聚合物 / 呋喃 / 2\text{-}甲基\text{-}THF \qquad (式9\text{-}8)$$

以玉米淀粉为原料,可制得葡萄糖、山梨糖醇、维生素 C、乳酸、聚乳酸、1,3-丙二醇、果糖;脂肪酸的酸性基团转化可产生高级醇、酰胺、脂肪酸盐、高级烯烃、高级醇酯、季铵碱、高级胺;不饱和脂肪酸中不饱和双键的转化可产生中等长度的酸和烯烃(基团互换)、二羧酸(暴露于H_2O_2和O_3)、顺反异构体(在酸或氮氧化物的作用下)、环氧化物(在过酸存在下)、用于生产聚氨酯的二醇(用酸和氢处理)、共轭脂肪酸(在碱的作用下)。

而生物塑料是一类非从石油中获得的特殊物质。大家所熟知的基于淀粉的生物塑料——淀粉基塑料就来自玉米原料,它是由乳酸(聚乳酸)和聚-3-羟基丁酸酯形成的聚合物。聚酰胺11是利用蓖麻(产油和观赏植物)提取的植物油制备得到的。聚乙烯可利用生物乙烯制备,而众所周知乙烯可由可再生原料生产。

值得注意的是,世界各地都对绿色化学的教学给予了很大的关注,并会定期召开绿色化学与可持续发展研讨会。为此,我们需要积极加入绿色化工行业支持者的行列中,支持旨在实现绿色化学理念的倡议。

毫无疑问,绿色经济是以生物经济为基础的经济。它必须将生命科学和绿色化学的知识转化为新的、可持续的、生态高效的和有竞争力的产品。以下三个主题被认为对促进生物经济发展具有重要意义。

(1)生物催化。它侧重于两个方面:新型选择性生物催化剂的发现和改进;系统工艺设计技术的开发,以快速可靠地选择新的、清洁的高性能制造工艺配置。

(2)新一代高效发酵工艺,包括新型和改进的微生物/宿主的生产。

(3)生物精炼的概念。它依赖于原料的最佳使用和价值化,流程的优化和整合以提高效率,水、能源等的优化投入,以及废物的回收/处理。

课后习题9

第十章

发展绿色化学，改善生态环境

未来几十年，一切都将不再稀奇……因为每个人都会与绿色化学打交道。

——耶鲁大学化学系教授 罗伯特·克拉布特里

随着化学产业的深入发展，化学化工产品种类极为丰富，相关数据显示，世界化学化工产品数量高达7万种以上，其化工总产值约为50000亿元。化学化工产品的极大丰富，一方面满足了人们的物质需求，实现疾病的控制、寿命的延长；另一方面其在使用的过程中不可避免地产生大量废物，对环境造成污染，对群众生命造成威胁。全世界每年产生至少约$3×10^8$～$4×10^8$t危险废物（中国化学工业排放的废水、废气和固体废物分别占全球工业排放总量的22.5％、7.82％、5.93％），带来巨大的环境灾难。因此，现实生活中多数人谈"化学"色变，无限制放大化学的负面效应，忽略化学的正面效应，这是对化学认识不全面的体现，是对化学学科本身的误解，不可否认化工科技的进步为人类带来了巨大的益处。药品的发展有助于治愈不少疾病，延长人类的寿命；聚合物科技的发展创造新的制衣和建造材料；农药化肥的发展，控制了虫害，也提高了生产。可以毫不夸张地说，人类的生活离不开化学的发展。解决化学发展与环境的矛盾已成为21世纪人类环境问题的科学挑战。因此，绿色化学应运而生，走进我们的生活。

目前，学术界和商业界对绿色化学和绿色工程的兴趣日益浓厚。绿色化学和绿色工程仍然是一个相对较新的领域，它是通往可持续发展的一座桥梁，是通过创新来驱动可持续发展的工具。尽管绿色化学和绿色工程主要与可持续性的环境因素有关，但鉴于它包含资源节约和效率这一事实，因此也与生态效率有着紧密的联系。同时，绿色化学和绿色工程也与可持续性的社会方面有关，因为它们促进了本质上更为安全的生产工艺设计，从而确保工人和生产区域附近的居民得到保护。

第一节 白俄罗斯的绿色化学发展

一、白俄罗斯的国家绿色经济发展战略

2004年,白俄罗斯根据《21世纪议程》和联合国其他文件的原则,结合国家特有的自然资源、生产、经济和社会潜力,制定了《白俄罗斯共和国可持续社会经济发展国家战略2020》。该战略的核心是白俄罗斯的可持续发展模式,由精神、社会、经济和环境等主要要素组成,这些要素被视为平等、和谐地相互关联的人类活动领域。

该模式是一种通过在所有要素可持续平衡发展原则基础上增进民族认同的社会、国家和国民经济组织和运作方式,从而防预和缓解来自国内外的威胁,既符合当前利益,也符合子孙后代的利益。白俄罗斯的可持续发展模式建立在精神价值与物质价值的理性结合、各种形式的所有制发展、充分的制度和市场基础设施、有效的国家和市场监管机制及有效的社会保障机制基础之上。

白俄罗斯共和国对绿色经济原则的承诺载于以下国家纲领性文件中。

(1)《可持续社会经济发展国家战略2030》(经白俄罗斯共和国部长理事会主席团批准,2015年2月10日第3号议定书)。

(2)《白俄罗斯共和国绿色经济发展国家行动计划2020》(2016年12月21日白俄罗斯共和国部长理事会第1061号令)。图10.1为白俄罗斯共和国绿色经济发展国家行动计划标志。

图10.1 白俄罗斯共和国绿色经济发展国家行动计划标志

(3)白俄罗斯共和国是由欧洲经济委员会、经济合作与发展组织、联合国环境署和联合国工业发展组织联合实施的"欧盟东部伙伴国家经济生态化"项目的参与者,并由经济部和自然资源部充当国家协调员。

白俄罗斯共和国"绿色"经济发展的主要方向包括以下内容。

(1)降低国内生产总值的能源消耗强度,提高能源效率,包括引进节能技术和材料。

(2)可持续消费和生产,包括政府的可持续("绿色")采购。

(3)增加可再生能源的潜力。

(4)发展电力运输(基础设施)和城市能动性,落实"智慧"城市理念。

(5)建设节能型住宅,提高住宅存量能源效率。

(6)创造有机产品生产条件。

(7)发展生态旅游,尤其是特别保护区内的生态旅游。

2016年9月20日,白俄罗斯共和国成为《巴黎协定》的第30个缔约国。与其他很多国家相比,白俄罗斯共和国的优势在于国家的总体适应力高,其具体表现为:领土内森林覆盖率高,能够获得重要的水资源,享有众多的沼泽和特别自然保护区。

根据《巴黎协定》,白俄罗斯共和国有义务控制温室气体的排放,2030年温室气体排放量需比1990年减少28%。白俄罗斯共和国正在实行的政策:①使用可再生能源(图10.2);②引进低碳和无碳技术,摒弃燃油、泥炭、煤炭等高碳燃料的使用;③在养牛场、养猪场、家禽养殖场等所有大型畜禽养殖基地引进沼气设施;④农业城镇实施沼气、太阳能、风能等综合系统;⑤引入"碳排放税"并规范国家碳市场;⑥增加电力运输的使用,并叫停低生态等级汽油、柴油车辆的使用。

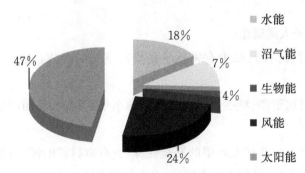

图10.2　白俄罗斯共和国的可再生能源结构

通过在个体和私营企业内部建设可再生能源的利用设施,来获取自用能源。上述设施所生产的电力将不按优惠电价进入电网。这些设施无需执行配额或其他许可限制性手续。这类设施的总装机容量约达$1×10^4kW$。

一个经济体可以根据其构成部分(通常称为行业)加以分析。行业可以按产业集群进行广义划分(如工程行业),又可以按不同的产业进行狭义划分(如木材加工业)。化工和石化是白俄罗斯经济中的支柱产业之一,占全国生产总值的12%以上。这是一个非常宝贵的外汇来源,因为几乎20%的出口来自该行业。

二、以绿色化学作为绿色经济的教育平台

2016年,罗杰·谢尔登曾写道:在过去的25年里,绿色化学的理念,特别是设计合成方法以最大限度将所有原材料纳入产品的原则,以及基础指标、原子经济性和环境因子,已被全球工业和学术界广泛接受。我们的社会正朝着绿色化学和资源高效利用加速转变,并且在绿色化学和生物催化过程的辅助下推进可再生生物质替代化石资源。展望未来,这一趋势的重要附加产品将是可持续性更强的替代品的研发,并最终在真正的绿色经济中,设计具有再生性和生产循环性的产品。

绿色化学是一门多学科交叉的综合性学科,它是化学对可持续性发展的贡献,能够避免对环境的破坏。显然,业界对绿色化学行业的关注度更高,因为不论是社会警报,还是立法限制,对其都有更直接的影响。绿色化学在全球范围内,比以往任何时候都更能成为可持续发展的有力支撑。众所周知,在高等教育机构的课程中,绿色化学原则的情境化插入有助于优化职业教育,使学生学习与程序和态度科目相关的概念内容。我们所知道的绿色化学的益处包括以下内容。

(一)有益于人类健康

(1)空气更加清洁:减少有害化学物质向空气的释放,从而减少对肺部的损害。

(2)用水更加清洁:减少有害化学物质向水中的释放,从而产生清洁的饮用水和娱乐用水。

(3)提高化工行业作业环境的安全性;减少有毒材料的使用;减少所需的个人防护设备;减少事故(如火灾或爆炸)发生的可能性。

(4)各类消费品更加安全:更为安全的新产品随处可购;制造某些产品(如药物)所产生的废物更少;某些更安全的产品(即杀虫剂、清洁产品)将取代不安全的产品。

(5)食物更加安全:消除持久性有毒化学物质进入食物链的可能;仅对特定害虫有毒且在使用后能迅速降解的杀虫剂。

(6)减少接触如内分泌干扰物等有毒化学物质的机会。

(二)有益于环境

(1)许多化学品因为使用过程的有意释放(如杀虫剂)、无意释放(包括制造过程中的排放)或处置过程而释放到环境中。绿色化学品可降解成无害产品,或回收再利用。

(2)减少境中有毒化学物质对动植物的危害。

(3)减少全球变暖、臭氧层消耗和雾霾形成的可能性。

(4)减少生态系统的化学性破坏。

(5)减少垃圾填埋场尤其是危险废物填埋场的使用。

(三)有益于经济和商业

(1)提高化学反应产量,消耗更少的原料以获得等量产品。

(2)减少合成步骤,通常会加快产品的制造,增加工厂产能,节能节水。

(3)减少废物,消除高昂的治理费、危险废物处置费和管道末端处理费。

(4)允许用废品替代外购原料。

(5)提升性能,从而减少实现相同功能所需的产品。

(6)减少石油产品的使用,减缓其消耗,避免危害的产生及价格波动。

(7)通过增加生产量,降低制造工厂的规模或占地面积。

(8)通过获取并展示产品安全标志使销售额增加。

(9)提高化工企业及其客户的竞争力。

三、白俄罗斯绿色化学的范例

绿色化学的原则之一是用生物质代替原油生产化学品和化工产品。以木材取代前述生物质的话,其主要成分是纤维素、木质素和半纤维素。纤维素是木材的主要成分,木质素是纤维素提取的主要副产物。白俄罗斯国立大学通过对这两种聚合物进行绿色处理,创造了一种生产水解纤维素的新工艺,并且开发了一种新的基于水解木质素去除溢油的吸附剂。为了让木材的生命周期(图10.3)形成闭环,白俄罗斯研究人员还通过将木质素和纤维混凝后结合形成无机盐混合物的方式,研发出了一种高效的有机矿物质肥料。这种方法在"从摇篮到摇篮"的循环框架中提供了木材中两种主要成分的用法。这是走上循环经济设计之路(用于研究和开发)的开始。作为必将替代当前"取得、制造、处置"式线性经济的一种蓬勃发展的方案,循环经济已经应运而生。它是化工研究的一项基本原理,不断指引着循环经济材料的发明。

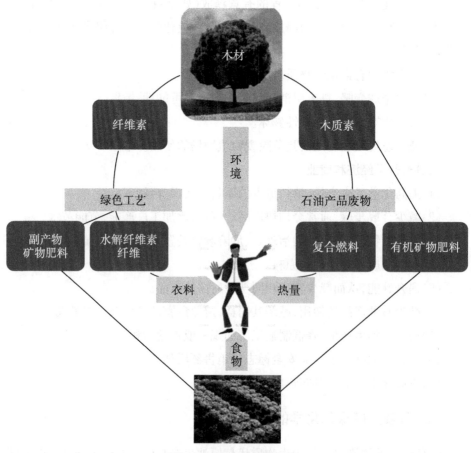

图10.3 木材的生命周期

如图10.3所示,根据木材的基本成分研发出以下三种绿色工艺。

(1)绿赛尔公司生产水解纤维素纤维的工艺。该工艺的主要特点是使用正磷酸水溶液(一种非挥发且毒性低的溶剂)。耗水量极少是这一工艺的另一个特点,这是清洁生产的一个范例。纤维可用于生产人类的服装。该工艺的副产物是一种亚磷酸钾盐的混合沉淀物,可作为液态或固态矿物质肥料。

(2)通过水解木质素的疏水化处理生产木质素吸附剂的工艺。木质素经过疏水化处理以后,会成为一种性能良好的去除溢油和废物回收吸附剂。浸饱了油分的木质素又是一种复合燃料。

(3)利用木质素和纤维混凝后结合形成的无机盐混合物来生产高效有机肥料的工艺。

白俄罗斯国立大学的研究人员采用了以下绿色化学原则:减少步骤、减少辅助物、使用毒性更低的物质、低能耗、低水耗、利用环境温度和压力、使用非挥发性和低毒性的溶剂、减少大气排放和废水排放。他们还实施了以菜籽油为原料生产生物柴油的绿色工艺。白俄罗斯国立科技大学的研究人员还将在俄白联盟的绿色能源和绿色化学项目中,为绿色能源工业设计研发出一种新型的特殊原电池。

第二节 中国的绿色化学发展

一、绿色化学在中国的诞生背景及前提

随着经济的持续发展与人口的不断碰撞,有限的自然资源与严重的环境污染逐渐成为制约生态发展与人类生存的重要因素,加上传统化学化工产业所带来的巨大污染遗留及各国工业化进程加快对环境的侵蚀,人们对绿色化学的呼唤热情日益高涨。当前的环境现状令我们痛心。大气污染严重,雾霾频发,酸雨成灾(引发地质灾害),全球气候变暖,臭氧层破坏严重,淡水资源相对紧张及海洋污染严重,植被砍伐破坏,水土流失严重,生物多样性与生态平衡性备受考验,毫不夸张地说,人类正面临有史以来最为严重的环境威胁。在此背景下,绿色化学要求摒弃传统的化学化工粗放加工模式,注重自然资源的高效利用,力求经济的发展与环境的保护协调起来,治标治本,从源头上降低污染能耗,实现零排放与零污染,实现原子经济性能的发挥,让地球更环保,让生态更平衡。因此,该背景下做好绿色化学的引导发展至关重要并势在必行。

国际上兴起的绿色化学与清洁生产技术浪潮引起了中国科学界的高度重视,中国在绿色化学方面的活动也逐渐活跃。1985年,中国著名无机化学家戴安邦院士在全国第三届无机化学会议上首次提出:要关注化学工业过程对资源环境带来的不利影响。1986年,中国沙城化工厂滴滴涕停产,被认为是中国环境保护事业的起步。1995年,绿色化学问题被提到议事日程上。中国科学院化学部确定了《绿色化学与技术》院士咨询课题,对国内外绿色化学的现状与发展趋势进行了大量调研,并结合国内情况提出了发展绿色化学与技术、消灭和减少环境污染源的七条建议。国家科技部组织调研,将绿色化学与技术研究工作列入"九五"基础研究规划。1996年,工业生产中绿色化学与技术专题研讨会召开,就工业生产中的污染防治问题进行了交流讨论。1997年5月,在北京举行了以"可持续发展问题对科学的挑战——绿色化学"为主题的学术研讨会,中心议题为:可持续发展对物质科学的挑战、化学工业中的绿色革命、绿色科技中的一些重大科学问题和中国绿色化学发展战略。同年,由国家自然科学基金委员会和中国石油化工总公司联合资助的"九五"重大基础研究项目"环境友好石油化工催化化学与化学反应工程"正式启动。《国家重点基础研究发展计划》亦将绿色化学的基础研究项目作为支持的重要方向之一。1998年,在中国科学技术大学举办了第一届国际绿色化学研讨会。同年12月在北京举行的第16次九华科学论坛上,专家们以可持续发展的战略眼光,对绿色化学的基本科学问题进行了充分的研讨,并提出了如何在"十五"期间优先安排和部署中国在该领域研究工作的意见,确定了绿色化学三方面研究重点:①绿色合成技术、方法学和过程的研究;②可再生源的利用和转化中的基本科学问题;③绿色化学在矿物资源高效利用中的关键科学问题。此外,一些院校也纷纷成立了绿色化学研究机构,如中国科学技术大学绿色科技研究与开发中心、四川大学绿色化学与技术研究中心等。绿色化学在中国虽然起步较晚,但在近几年受到了充分的重视,得到了长足的发展。

二、绿色化学在中国的发展现状

近20年来,绿色化学领域发展很快,在基础研究和技术开发方面不断取得重要进展,每年都有大量的研究论文被发表,与绿色化学相关的专利授权大量增加,一些绿色化学技术已经被投入使用,形成了一批新兴产业,呈现出良好的发展势头。

"九五"重大基础研究项目"环境友好石油化工催化化学与化学反应工程",对基本有机化学品生产技术的绿色化进行了导向性的基础研究,现已取得阶段性的成果。石油资源的优化加工利用对经济和社会的可持续发展具有战略意义。石化工业技术绿色化不仅是保护生态环境的需要,而且是充分利用资源,降低生产成本的需要。为了获得清洁汽油,催化、裂化要求既生产高辛烷值汽油,又增产合成高辛烷值汽油组分的烯烃等烷基化和醚化原料。同时,要发展烷基化、异构化和醚化等其他合成途径。中国已开发成功既能生产高辛烷值汽油,又能多产烯烃的催化裂解技术。国内外均在研究纳米、介孔和择形等先进分子筛技术,用以改进清洁汽油生产中的烯烃含量、苯含量、硫含量尚未达标等问题,生产出名副其实的"清洁汽油"。超临界态烃类催化转化是一个新兴的化工研究领域,可能会对清洁汽油生产技术带来创新,中国已开始了研究。

绿色化学在洗涤液和清洁煤方面也有很好的应用和发展。1993年,中国开始开发绿色洗涤业,研制新型无磷洗衣粉。在各方努力下,高质量的无磷洗衣粉于1995年相继问世投产。与普通洗衣粉相比,无磷洗衣粉具有浓缩、低泡、易溶解、易漂洗的特点,最重要的是无磷、无毒、无公害、不污染水源和水域。中国人终于有了自己的环保绿色洗涤产品。而煤作为能源,燃烧后将造成环境污染是不争的事实。通过洁净煤技术,把煤作为原料生产城市煤气、甲醇、重油、轻油、酚、硫等产品,不但防止了污染,而且增加了可持续发展的经济效益。中国在洁净煤技术方面主要开发了煤炭地下汽化技术、工业型煤技术、水煤浆气化技术、煤液化技术、洁净煤联合循环发电技术、煤炭废物的综合利用技术等。清华大学开发的循环流化床洁净煤技术能有效地解决燃煤造成的环境污染问题。

中国在高原子经济性,特别是过渡金属催化的有机合成方法等方面开展了一些高水平的工作,如过渡金属催化的炔烃异构化反应、烯烃的分子内成环反应等原子利用率都为100%,这方面的工作已被各国科学家广泛应用于目标分子的合成中,在国际上有一席之地。中国在绿色化学的另一个热点领域——从手性配体的合成到不对称催化的不对称合成方面做了大量工作。另外,中国在超临界流体方面也做了许多工作,包括化合物在超临界二氧化碳中的物理化学行为方面,超临界二氧化碳中的催化反应和聚合反应方面的工作也有一定的影响。在多相催化研究方面,中国也有长期的积累和学术水平较高的研究队伍,因为实现绿色化学的一个重要科学基础是催化,化学工业的90%以上的过程涉及催化技术,催化剂在实现绿色化学中起着非常重要的作用。

绿色化学的出现,为中国化工行业的快速发展提供了良好契机。绿色化工技术的不断完善,逐渐实现"变废为宝"、"清洁生产"、资源利用"一体化",使新兴化工工业园区实现循环经济。

三、绿色化学的中国对策及展望

绿色化学能够从根本上改善人类生存环境,并可促进经济效益大幅度提高,由它所带来的产业革命刚刚在全球兴起,并将持续到下个世纪。它对中国这样新兴的发展中国家无疑是一个难得的机遇。我们应抓住这一绿色革命的契机,大力发展绿色化学,以对付日益严峻的生态危机对我们的挑战。

(一)政府部门要大力支持"绿色化学"理念

绿色化学在西方国家已经成为一种政府行为,中国各级政府部门要充分估计这一产业革命对未来人类社会的影响,及时调整产业结构,以长远眼光正确认识和对待投入和产出问题,逐步放弃对某些产生严重污染的传统化学工业的支持,扶持对传统化学工业的"绿色化"改造,支持绿色科技领域的探索与研究,鼓励开发清洁工艺技术,减少污染源头,生产环境友好产品。

(二)结合国情,选择重点领域开发"绿色化学"技术

绿色化学站在可持续发展的高度,通过发展新理论和新方法,实现更清洁和更精巧的化学成果。中国科技工作者要以国家、民族需要和人类进步的需要为出发点,面向经济建设和可持续发展战略,及时调整研究领域和方向。就中国国情而言,目前宜选择以下领域进行开发。

(1)绿色生化工程技术的研究:综合利用现代生物技术和化学化工技术,发展绿色生化工程,例如生物煤炭脱硫、微生物造纸和新生物质能源等。专家们预测,若利用生物技术和绿色化工技术每年将中国 $1.5 \times 10^9 kg$ 的农作物秸秆转化为化学品,可制取 $2.0 \times 10^8 kg$ 乙醇、$8.0 \times 10^{10} kg$ 糠醛和 $3.0 \times 10^8 kg$ 木质素,创造数百亿元的价值。因此,将生物质用作化学原料和能源是发展中国绿色化学的战略目标。

(2)洁净煤技术的开发:中国是世界上最大的煤炭生产国和消费国,也是世界上仅有的几个以煤为主要能源的国家之一。传统的煤炭利用方法引发的烟尘与化学污染已成为中国环境污染的主要类型。洁净煤技术旨在最大限度地利用能源，同时实现最低限度排放污染物的目的。它是一个多层次、多学科的技术集成，包括许多先进的常规技术、高新技术和尖端技术，是国际高技术竞争的一个重要领域。中国煤炭利用率平均仅30％左右，比世界平均水平低10％，比发达国家低25％～28％。因此，大力发展洁净煤技术，是改善中国环境污染现状，实现"绿色工业"战略的必由之路。

（3）生态协调肥料的开发：中国是一个农业大国，化肥的消费量居世界第一位，但化肥利用率较低，约有50％的化肥进入环境，造成了巨大的资源浪费与环境污染。为了适应生态农业的发展，化工企业应大力研制开发生态肥料，以期提高肥效，改良土壤，减少农业污染，实现农业的可持续发展。

（4）高效低毒农药的研制：中国过去和目前生产的农药多为高毒化学品种，其生产和使用过程中污染土壤、空气，影响生态平衡，造成了生态环境的恶化。绿色化学应研究合成低毒、无公害、选择性强、生物活性高、成本低廉的农药，促进"农业绿色"产业化。

（5）精细化学品的清洁与经济生产：精细化学品绝大多数作为辅助原料或材料出现在生产和生活两大类资料之中，有的参与其生产过程，有的参与其应用过程，在国民经济中占有很重要的地位。探索既具有选择性，又具有原子经济性的精细化学品的绿色合成反应，具有很高的经济效益和社会效益。

（三）"绿色化学"体系为工业体系及社会改造提供科学指南

绿色化学理念有着宏大的理论支撑，它既包含了大而化之的科学哲学思考，又包含了对具体生产工艺的科学指导。中国共产党十八届五中全会公报明确提出了创新、协调、绿色、开发、共享的发展理念，以及习近平总书记在二十国集团领导人第十次峰会和亚太经合组织第二十三次领导人非正式会议上强调：中国将更加注重效益质量、更加注重创新驱动、更加注重公平公正、更加注重绿色发展、更加注重对外开放。"五大发展理念"是中国"十三五"规划中指明中国未来发展前进方向的认识论指导，而"五个更加注重"则是对中国未来发展的方法论架构。无论是从认识论还是方法论的角度，都可以看出绿色发展理念是中国未来发展的一条主线。要真正实现绿色发展，必须要建立起生态良好、资源节约、可持续发展的工业体系以及注重绿色生活方式的良好社会氛围。从中国1952年第一个国民经济和社会发展五年规划开始，中国的工业体系就被划分为轻、重两个工业体系（不含国防工业），这样的工业体系划分在中国工业发展中发挥了重要的作用，但是这样的工业体系的导向无疑过于注重生产效率。因此,现在很多人有了绿色发展的意识之后,就把绿色发展与生产对立起来,认为绿色发展就意味着要牺牲经济利益。绿色发展尤其是绿色化学理念并不与追求经济利益相矛盾,只是不能单纯为追求经济利益而忽视对生态环境的破坏。绿色发展的核心是绿色与发展共存,绿水青山就是金山银山。而绿色化学的理论体系除了包含有机化学、无机化学、物理化学、分析化学、高分子科学、环境化学等传统化学学科体系,还包含了社会学、人类学、宏观经济学、管理学的最新成果。因此,绿色化学是构建新型工业化体系和中国社会改造的科学指南。

课后习题10

参考文献

［1］Adams D, Dyson P, Tavener S (2003) Chemistry in Alternative Reaction Media. Blackwell Publishing, Hoboken.

［2］Gauska A, Migaszewski Z, Namienik J (2013) The 12 principles of green analytical chemistry and the SIGNIFICANCE mnemonic of green analytical practices. Trends Anal Chem, 50:78−84.

［3］Ajoy B, Sarmistha B (2020) Implementing green chemistry for synthesis of cholesterol−lowering statin drugs. //Green Approaches in Medicinal Chemistry for Sustainable Drug Design, Elsevier Amsterdam: 577−601.

［4］Anastas PT, Warner JC (1998) Green Chemistry: Theory and Practice. Oxford University Press, New York.

［5］Arico S (2015) Ocean Sustainability in the 21st Century. Cambridge University Press, London.

［6］Bergkamp L (2013) The European Union Reach Regulation for Chemicals: Law and Practice. Oxford University Press, New York.

［7］Chambers RK, Chaipukdee N, Thaima T, et al. (2016) Synthesis of alpha−propargylglycinates using the Borono−Mannich reaction with pinacol allenylboronate and potassium allenyltriflflfluoroborate. Eur J Org Chem, 22: 3765−3772.

［8］China's agenda 21(1996). Appl Geograp, 16(2):97−107.

［9］China's agenda 21: White paper on China's population, environment and development in the 21st century(1994). China Popul Today, 11(4):5−8.

［10］Clark JH (1999) Green chemistry: challenges and opportunities. Green Chemistry, 1:1−8.

［11］Clark J, Masquarrie D (2002) Handbook of Green Chemistry and Technology. Blackwell Publishing, Hoboken.

［12］Clark J, Sheldon R, Raston C, et al. (2014) 15 years of green chemistry. Green Chem, 16:18−23.

[13]Davis R, Tao L, Scarlata C, et al. (2015) Process Design and Economics for the Conversion of Lignocellulosic Biomass to Hydrocarbons, National Renewable Energy Laboratory, Golden.

[14] De Gorter H, Drabik D, Just D (2015) The Economics of Biofuel Policies. Palgrave Macmillan, New York.

[15] Enrico C, Paolo T, Lorenzo T (2005) Cleaner production and profitability: analysis of 134 industrial pollution prevention (P2) project reports. J Clean Prod, 13(6):593–605.

[16]Fatma AB, Sherifa MA, Mohamed AR (2012) Evolution of microwave irradiation and its application in green chemistry and biosciences. Res Chem Intermediat, 38(2):283–322.

[17] Ferrie JP (2013) Method for determining the water content of a mixed alcohol / gasoline fuel in an internal combustion engine, and device for implementing same, United States Patent Application 20130317724.

[18]Fukushima T, Kosaka A, Ishimura Y, et al. (2003) Molecular ordering of organic molten salts triggered by single−walled carbon nanotubes. Science, 300:2072–2074.

[19] Gjalt H, Steven JC (2013) On the development of new biocatalytic processes for practical pharmaceutical synthesis. Curr Opin Chem Biol, 17 (2):284–292.

[20] Grinshpan D, Savitskaya T, Tsygankova N, et al. (2017) Good real world example of wood−based sustainable chemistry. Sustain Chem Pharm, 5:1–13.

[21]Hadar Y (2013) Sources for Lignocellulosic Raw Materials for the Production of Ethanol. Springer, Heidelberg.

[22]Houghton RA (2008) Encyclopedia of Ecology. Academic Press, Pittsburgh.

[23] Istvan H (2019) Structural chemistry at Lomonosov Moscow State University: a special issue. Struct Chem, 30(2): 419.

[24]Jakob W, Michiel S, Bill H (2018) The EU long−term strategy to reduce GHG emissions in light of the paris agreement and the IPCC special report

on 1.5℃. Working Papers "Sustainability and Innovation", Fraunhofer Institute for Systems and Innovation Research (ISI), 22.

［25］John JC (1974) Reviewed work: the coming of post-industrial society by Daniel Bell. Annal Am Acad Polit Soc Sci, 413:174-175.

［26］Kappe CO, Dallinger D, Murphree SS (2008) Practical microwave synthesis for organic chemists: strategies, instruments, and protocols, J Am Chem Soc, 20(3): 215-223.

［27］Kathleen A, Devinder M, Ryan K, et al. (2017) Global biofuels at the crossroads: an overview of technical, policy, and investment complexities in the sustainability of biofuel development. Agriculture, 7(4):32-53.

［28］Khrustalev DP, Khamzina GT, Fazylov SD, et al. (2010) A method of producing isoniazid under microwave irradiation. Innovative patent of the Republic of Kazakhstan No. 22270.

［29］Kumar G, Bakonyi P, Periyasamy S, et al. (2015) Lignocellulose biohydrogen: practical challenges and recent progress. Renew Sustain Energy Rev, 44:728-737.

［30］Kuznetsov DV, Raev V, Kuranoc G, et al. (2005) Microwave activation in organic synthesis. Russ J Org Chem, 41(12):1719-1749.

［31］Lancaster M (2002) Green Chemistry: An Introductory Text. Royal Society of Chemistry, New York.

［32］Liu CM, Wang XH, Duan MS (2012) Research on MRV establishing in future emissions trading scheme in China based on analysis on MRV of overseas representative ETs. Advanced Materials Research, 524-527, 2641-2645.

［33］Liu Y, Ren WM, He KK, et al. (2014) Crystalline-gradient polycarbonates prepared from enantioselective terpolymerization of meso-epoxides with CO_2. Nature Commun, 5:5687.

［34］Li ZJ, Zheng JG (2020) Information Quick Reference Manual for Hazardous Chemicals: GHS and TDG Classifification and Identifification of Hazardous Chemicals Catalogue. Chemical Industry Press, Beijing.

［35］Lo AY, Cong R (2017) After CDM: domestic carbon offsetting in China. J Clean Prod, 141:1391-1399.

［36］Lukashenko A (2015) Speech at the plenary session of the UN Summit on Sustainable Development. www.belta.by/president.

［37］Medina-Gonzalez Y, Camy S, Condoret JS (2014) scCO$_2$/green solvents: biphasic promising systems for cleaner chemicals manufacturing. ACS Sustain Chem Eng, 2(12):2623-2636.

［38］Ministry of Commerce of the People's Republic of China (2004) Environmental Management Measures for New Chemical Substances. http://www.mofcom.gov.cn/article/b/g/200405/200 40500221112.shtml.

［39］Miroslavov G, Gorshkov N, Lumpov A, et al. (1999) Proceedings of the fifth international symposium on technetium in chemistry and nuclear medicine, 321-324.

［40］Modak A, Bhanja P, Dutta S, et al. (2020) Catalytic reduction of CO$_2$ into fuels and fifine chemicals. Green Chem, 22(13):4002-4033.

［41］Paulo P, Uwe G, Rita B, et al. (2019) Methodology for selection and application of eco-effifiiciency indicators fostering decision-making and communication at product level-the case of molds for injection molding. // Advanced Applications in Manufacturing Engineering, Woodhead Publishing, Sawston: 1-52.

［42］Rauber D, Philippi F, Hempelmann R (2017) Catalyst retention utilizing a novel flfluorinated phosphonium ionic liquid in Heck reactions under flfluorous biphasic conditions. J Fluor Chem, 200:115-122.

［43］Philip N (2007) The Annotated Cat: Under the Hats of Seuss and His Cat. Random House, New York.

［44］Pickard J, Pilmer G (2013) UK Government Revives Infrastructure Drive. Financial Times, London.

［45］Pilar H, Vittorio P, Andrés A (2019) Biocatalyzed synthesis of statins: a sustainable strategy for the preparation of valuable drugs. Catalysts, 9 (3):260.

［46］Roger AS（2016）Green chemistry and resource effificiency: towards a green economy. Green Chem, 11(18):3180–3183.

［47］Rothenberg G（2008）Catalysis: Concepts and Green Applications. Wiley Verlag, Weinheim.

［48］Ryan M（2015）Clearing up some misconceptions about Xi Jinping's 'China Dream'. http://huffpost.com/entry/clearing-up-some-misconce_b_8012152.

［49］Savitskaya TA（2018）Biodegradable Composites Based on the Natural Polysaccharides. BSU, Minsk.

［50］Scott IL, Buchard A（2019）17-Polymers from Plants: Biomass Fifixed Carbon Dioxide as a Resource. Managing global warming. Academic Press, Pittsburgh.

［51］Singh S, Bakshi BR（2016）Chemical engineering and biogeochemical cycles: a technoecological approach to industry sustainability. // Sustainability in the Design, Synthesis and Analysis of Chemical Engineering Processes, Butterworth-Heinemann, Oxford: 275–294.

［52］Solomon B, Bailis R（2014）Sustainable Development of Biofuels in Latin America and the Caribbean. Springer, New York.

［53］Tanaka K（2003）Solvent-free Organic Synthesis. Wiley Verlag, Weinheim.

［54］Tang L, Wu JQ, Yu L（2017）Carbon allowance auction design of China's emissions trading scheme: a multi-agent-based approach. Energy Policy, 102:30–40.

［55］Trevor K（2000）By accident···a Life Preventing Them in Industry. PFV Publications, Peter Varey Associates, London.

［56］Tundo P, Musolino M, Aricò F（2017）The reactions of dimethyl carbonate and its derivatives. Green Chem, 20:28–85.

［57］Vanetsev AS, Tretyakov YD（2007）Microvawe-assisted synthesis of individual and multicomponent oxides. Russ Chem Rev, 76(5): 397–413.

［58］Wei Q, Tian MM（2013）Building carbon emissions trading system for China under the experience of EU emissions trading system. Applied Mechanics and Materials, 411–414, 2505–2510.

[59] William MD, Michael B (2010) Cradle to Cradle: Remaking the Way We Make Things. North Point Press, Berkeley.

[60] Xing DY, Dong WY, Chung TS (2016) Effects of different ionic liquids as green solvents on the formation and ultrafifiltration performance of CA hollow fifiber membranes. Ind Eng Chem Res, 55(27):7505–7513.

[61] Xu WM (2019) Responsible care and safety technology. Chemical Industry Press, Beijing Provisions on Environmental Administration of New Chemical Substances. http://www. mee. gov. cn / gkml / hbb / bl / 201002 / t20100201_185231.htm.

[62] Yang F (2015) Studies on Tandem Cyclization of Alkynones and Triflfluoromethylation in Water at Room Temperature. Lanzhou University, Lanzhou.

[63] Zenchanka S, Korshuk E (2015) The "Green Economy" Concept in Belarus: Today and Tomorrow. Progress in Industrial Ecology, 9(1):33.

[64] Zhang J, Zhang, L (2016) Impacts on CO_2 emission allowance prices in China: a quantile regression analysis of the Shanghai emission trading. Scheme Sustain, 8:1–12.

[65] Zhao YC, Huang S (2017) Recycling technologies and pollution potential for contaminated construction and demolition waste in recycling processes. //Pollution Control and Resource Recovery, Butterworth–Heinemann, Oxford: 195–331.

[66] Zheng C, Evan SB, Paul TA, Green chemistry in China. Pure Appl Chem, 83(7):1379–1390.